高等职业教育"十二五"规划教材
——房地产类专业系列规划教材

# 建筑识图与房屋构造
## （含实训）

主　编　黄　文

参　编　欧求忠　邓　洋　游　翔

主　审　管昌生

机械工业出版社

本书分为建筑识图篇和房屋构造篇。建筑识图篇详细介绍了建筑制图的标准和规范，点、线、面、体的投影，建筑施工图识读，建筑设备施工图识读。房屋构造篇详细介绍了基础与地下室、墙体、楼板与地面、建筑门窗、楼梯与电梯、屋顶、变形缝、预制装配式建筑等民用建筑构造。书中设置知识小结、绘图练习、技能实训等内容，强化实践环节。

本书可作为高职高专房地产类专业、物业管理（含物业智能化管理）专业、建筑环境与能源应用工程、楼宇智能化工程等专业的教材，也可以作为建筑工程等相关专业学生、建筑单位工程管理人员以及物业企业培训的参考用书。

图书在版编目（CIP）数据

建筑识图与房屋构造：含实训/黄文主编. —北京：机械工业出版社，2015.3

高等职业教育"十二五"规划教材. 房地产类专业系列规划教材

ISBN 978 - 7 - 111 - 52620 - 9

Ⅰ.①建… Ⅱ.①黄… Ⅲ.①建筑制图 – 识别 – 高等职业教育 – 教材②房屋结构 – 高等职业教育 – 教材 Ⅳ.①TU2

中国版本图书馆 CIP 数据核字（2016）第 001710 号

机械工业出版社（北京市百万庄大街22号 邮政编码100037）
策划编辑：汤 攀 责任编辑：汤 攀
版式设计：霍永明 责任校对：刘秀丽
封面设计：张 静 责任印制：乔 宇
北京京丰印刷厂印刷
2016 年 4 月第 1 版·第 1 次印刷
184mm×230mm·15.25 印张·335 千字
标准书号：ISBN 978 - 7 - 111 - 52620 - 9
定价：39.00 元

# F 前言
## Foreword

《建筑识图与房屋构造》作为全国高职高专物业管理专业"十二五"规划教材，可供高职高专物业管理专业及楼宇智能化工程、建筑环境与能源应用工程、制冷与空调等相关专业学生一学期课程教学之用，每周 4 学时，共计 72 学时。也可供建筑相关专业人士教学和学习参考，及城市建设和管理部门工作人员阅读参考。

本书在编写过程中，结合最新《总图制图标准》GB/T 50103—2010、《住宅设计规范》GB 50096—2011 等国家标准，取材新颖、南北兼顾、深入浅出、图片资料丰富、易懂易学。

为了突出高职高专的特色，在本书中单独设置一章"建筑施工图识读"的内容，以提高学生的实践能力，并且增加最新前沿知识，可扩大本专业学生的知识面以更好地适应社会的需要。教材内容充实，特色鲜明，适用性更强，符合高职高专人才培养目标的需要。

与国内同类教材相比，本教材具有以下特色：

（1）该教材根据物业管理专业及楼宇智能化工程、建筑环境与能源应用工程、制冷与空调等专业培养目标的要求，注重把握高等职业教育的特点，突出技能的培养，强调实用性、针对性。

（2）在教材体系框架设计上体现了改革和创新精神，努力反应新技术、新产品、新设备在本专业的应用。

（3）在理论知识介绍方面以"必需够用"为度，注重理论联系实际，突出企业新产品、新设备等内容的介绍。

（4）编写人员均为高职高专的专业教师，教学经验丰富，编写内容合理、可行，深入浅出，便于教学。

（5）本教材具有"章节设置合理""内容删繁就简"等特点，尤其是加强了实践性教学环节，更适合高职学生学习使用。

建筑识图与房屋构造是一门综合性、实践性很强的专业基础课，共分为建筑构造和建筑施工图识读两大部分，由于工程图采用正投影的表示方法，因此学生在学习中需要培养一定的空间想象能力。其中识图是学习构造的基础，熟悉构造又为识图服务。

本书介绍了基础与地下室、墙体、楼板与地面、门与窗、楼梯与电梯、屋顶、变形缝等民用建筑构造，并详细讲解了建筑施工图的识读。通过实训激发学生的兴趣，使学生进一步掌握民用建筑构造的基本原理和方法，熟悉建筑施工图的内容、表达方式及识读步骤，培养学生综合应用所学民用建筑原理及构造知识分析和解决工程实际问题的能力，为今后能从事房屋建筑设计、施工、管理等相关工作打下扎实的基础。

参加本教材编写的作者有武汉商学院黄文、欧求忠，武汉船舶职业技术学院游翔，湖北第二师范学院建筑与材料工程系邓洋，其中黄文教授担任主编并统稿。

由于编者水平所限，时间仓促，书中不妥之处在所难免，恳请读者批评指正。

编　者

# 目 录
Contents

# 绪　　论

**1. 本课程的性质、内容、任务和学习方法**

《建筑识图与房屋构造》课程是物业管理专业及建筑环境与能源应用工程、楼宇智能化工程技术、制冷与空调技术专业的一门专业基础课。

本课程的内容主要包括建筑施工图识读、建筑构造两大部分。它的主要任务是使学生熟悉各种建筑构配件的名称、作用，熟悉房屋建筑一般的构造做法，领会建筑构造原理，了解主要建筑材料的性能和用途，着重掌握建筑施工图的识读方法，能够熟练地识读建筑施工图，并了解本专业与土建专业的关系，以便在以后的工作中相互协调配合。

物业管理专业与建筑环境与能源应用工程、楼宇智能化工程技术、制冷与空调技术专业等，与建筑专业有着十分密切的关系。随着科技的进步、人民生活水平的不断提高，建筑的功能也在发展、变化，对物业管理专业及建筑环境与能源应用工程、楼宇智能化工程技术、制冷与空调技术等专业的学生要求越来越高。各专业必须了解建筑材料、建筑构造以及建筑构造原理，了解物业、设备、设施与房屋建筑各部分（如基础、墙体、楼地面、梁、门窗等）的关系，领会它们之间什么情况下会出现矛盾，或对建筑构配件产生不利影响，并在此基础上考虑本专业物业、设备、设施如何管理或设计。这些问题最终都集中在建筑施工图的识读上，集中在我们是否能够正确阅读相关的建筑施工图。如果不能正确阅读建筑施工图，就很难保证本专业与其他专业之间不出现这样或那样的矛盾和问题，管理和工程建设质量也就很难保证。因此，我们学习《建筑识图与房屋构造》课程的主要目的，从某种意义上讲就是学会如何正确识读建筑施工图。

《建筑识图与房屋构造》课程是一门综合性较强的应用技术课程。它既不像数学课程那样有很强的系统性和逻辑性；又不像散文诗歌那样朗朗上口、引人入胜，它的叙述性、介绍性较强。初学者会感到内容没有必然联系，在内容安排上基本上是一章一个新内容，但实际上它也有自己内在的规律。从第 1 章到第 4 章是建筑识图部分，也是本教材的重点：其中第 1 章建筑制图的标准和规范，第 2 章点、线、面、体的投影，第 3 章建筑施工图识读，第 4 章建筑设备施工图识读，是学习建筑识图与房屋构造课程的重中之重；第 5 章到第 11 章为民用建筑构造，是按照房屋建筑构造组成的六大部分，按施工顺序自下而上讲述的；第 12 章为变形缝；第 13 章是预制装配式建筑。只要肯下功夫，摸清规律，并坚持理论联系实际，《建筑识图与房屋构造》其实并不难学。学习时应注意以下几个方面：

（1）从具体的建筑构造方法和设计方案入手，掌握常用的建筑构造方法。

（2）在掌握构造方法的基础上，领会一般的构造原理。

（3）理论联系实际，利用课内外时间多看、多实践，在实践中印证所学知识。

（4）多想、多动手，建立空间感，能够正确阅读建筑施工图，提高绘图能力以及领会设计意图。

（5）查阅相关资料，拓展知识面，了解建筑前沿知识，包括建筑构造、建筑技术、建筑材料的发展。

**2. 建筑的发展史**

自地球上有了人类，也就有了人类的建筑活动。只不过早期所谓的"建筑"是很简单和朴素的，可能只是利用天然洞穴稍加改造，也可能是在树上用树枝、树叶搭建的"窝"。传说中的"有巢氏"也许就是干阑式建筑的创造者。随着生产力的不断提高，建筑的功能、材料、技术、艺术形式等也变得日益复杂起来。民族、地域、自然条件、文化的不同，逐渐在建筑上得到了反映，形成多姿多彩的世界建筑文化。

（1）中国的古建筑

中国的古建筑具有卓越的成就和独特的风格，在世界建筑史上占有重要地位。随着时间的推移，有些古代文明已经衰退甚至消失，而中国的建筑文化仍然具有独特的魅力，是值得我们骄傲的珍贵文化遗产。

中国古建筑经历了原始社会、奴隶社会和封建社会三个历史阶段。在原始社会，由于生产力的低下，发展是极其缓慢的，我们的祖先从穴居、巢居开始，经过漫长的探索，逐步掌握营造地面房屋的技术，创造了原始的木屋架建筑，满足了基本的生存需求（图1）。到了奴隶社会，大量的奴隶劳动和青铜器工具的使用，使得建筑活动有了巨大发展，出现了宏伟的都城、宫殿、宗庙、陵墓等建筑类型，夯土墙和木构架建筑已初步形成，在宫殿建筑上甚至出现了彩绘。到了封建社会，经过长期的发展与衍变，中国古建筑逐步形成了自己的风格，成为成熟的、独特的建筑体系。诸如城市规划理论，园林、民居、宫殿、坛庙建筑，建筑空间处理手法，建筑艺术与材料、建筑艺术与技术相结合等方面，都有独特的创造性。

图1　西安半坡村遗址

战国时期的《周礼·考工记》就有关于都城制度的记载："匠人营国，方九里，旁三门，国中九经九纬，经涂九轨，左祖右社，面朝后市。"这段话解释为：都城九里见方，每边开辟三座城门，纵横各九条道路，南北方向的道路宽度达九条车轨，东面为祖庙，西面为社稷坛，前面是朝廷宫殿，后面是市场和居民区。可见在城市建设方面，其型制建设是具有相当的规范性的。著名的都城有：汉长安（公元前 202 年建）、北魏洛阳（公元 493 年建）、隋大兴（公元 583 年建，唐朝称长安城）、隋唐洛阳（公元 605 年建），元大都（公元 1267 年建）、明南京（公元 1366 年建）、明清北京（公元 1421—1553 年建），在中国古代建筑史上都占有重要地位。

北京的明清故宫是宫殿建筑的杰出代表。从高大雄伟的天安门（皇宫紫禁城的城门）开始，经端门、午门、太和门，方到达外朝的精华所在——三大殿建筑太和殿（图 2）、中和殿、保和殿，再往后是后廷的生活区建筑群，一直到神武门结束，整个紫禁城金碧辉煌，鳞次栉比，蔚为壮观，无论建筑单体还是建筑群组合都具有很高的艺术价值。

图 2　故宫太和殿

我国幅员辽阔，民族众多，地理位置、气候等自然环境差别很大，形成各地的民居形式多种多样，异彩纷呈。比如北京的四合院、闽南的土楼、云南的一颗印住宅等，都有各自鲜明的个性特征。

在明清时期，江南一带出现了一大批著名的私家园林建筑，造园理论也得到了很好的发展。像无锡的寄畅园，苏州的留园、拙政园、狮子林，上海的豫园等，都是传统园林建筑的典范。再加上北京的颐和园、圆明园，承德的避暑山庄等规模宏大的皇家园林，其造园手法及其理论都具有很高的艺术价值，至今仍然值得学习和借鉴。

中国建筑传统的基本特征可归纳为以下几个方面：①以木结构为主流；②建筑外形的特征；③平面特征；④建筑群体（四合院等）；⑤建筑装饰与色彩；⑥造园艺术。

总之，我国各时期古建筑遍布中华大地，灿若星辰，是我们每个炎黄子孙的骄傲与自豪。

（2）外国的古建筑

除中国之外，还有其他一些国家同样具有古老的建筑文化。

　　东亚的日本和朝鲜自古就同中国有亲密的文化交流，到我国的唐朝达到鼎盛时期。因此，它们的古建筑在平面布局、结构形式、造型以及细部装饰上，都保留着较为浓郁的中国唐代建筑的风格特点。

　　印度次大陆和东南亚也有独特的建筑成就，大多数国家受印度文化的影响很深，婆罗门教、佛教、伊斯兰教等宗教建筑都曾产生过一些杰出的建筑物。随着印度佛教传入中国，中国的佛塔是受印度文化影响的产物。

　　古埃及的金字塔（图3）、中美洲玛雅人的建筑、西亚伊斯兰国家的建筑，等等。各文明古国的传统建筑在世界建筑史上都留下了辉煌的一笔。最值得一提的应当是古希腊和古罗马的建筑，它们的建筑成就如此之巨大，对西方国家的建筑文化的影响如此之久远，是其他建筑体系所不及的，这也就奠定了古希腊和古罗马建筑的历史地位。

　　古希腊泛指公元前8世纪起，在巴尔干半岛、小亚细亚和爱琴海的岛屿上建立的很多小奴隶制国家，也包括它们向外移民，又在意大利、西西里和黑海沿岸建立的许多国家。古希腊有较为先进的政治制度，是欧洲文化的摇篮。古希腊的建筑是西欧建筑的开拓者，它的一些建筑型制、石梁

图3　埃及金字塔

石柱结构构件及其组合的艺术形式，建筑物和建筑群设计的艺术原则，深深地影响着欧洲两千多年的建筑史。恩格斯这样评价希腊人："他们无所不包的才能与活动，给他们保证了在人类发展史上为其他任何民族所不能企求的地位"（《马克思恩格斯选集》，三卷）。马克思评价古希腊的艺术和史诗时，除了至今仍然能够给我们艺术享受外，"而且就某方面来说还是一种规范和高不可及的范本"（《马克思恩格斯选集》，三卷）。大多用在庙宇上的建筑物四周的围廊，它的柱子、额枋和檐部逐渐发展、改进，在形式、比例等方面有了成套的做法，形成一种定制，后来的罗马人称之为"柱式"（Ordo）。古希腊创造了三种"柱式"——流行于小亚细亚先进共和城邦里的爱奥尼柱式（Ionic），意大利西西里一带寡头制城邦里的多立克柱式（Doric）、科林斯柱式，此外还有"人像柱"，后来在欧洲建筑中广泛使用，也是我们现在所说的"欧式建筑"不可或缺的构件。雅典卫城建筑群是古希腊最具有代表性的典范之作。

　　古罗马直接继承了古希腊晚期的建筑成就，并大大地向前推动了一步。建筑鼎盛时期是公元1~3世纪，重大建筑活动遍布帝国各地，创造了一大批流芳百世的建筑。拱券技术是古罗马的光辉成就，它把墙体解放出来，使大空间建筑成为可能，运用环形拱和放射拱技术

的剧场、角斗场遍布各城，拱券加穹顶技术的万神庙是古罗马穹顶技术的最高代表，它的穹顶直径达到43.3m。古罗马人发展并定型了柱式，建筑理论著作也十分繁荣，流传至今的《建筑十书》就具有很高的学术价值。

在这之后欧洲进入了漫长的中世纪，欧洲的中世纪指自罗马帝国以后直到14~15世纪资本主义萌芽出现以前的这段时期。其建筑成就主要集中在宗教建筑上，君士坦丁堡的圣索菲亚大教堂是拜占庭建筑的代表，而以法国为中心的哥特式建筑是西欧建筑的主要成就。意大利出现资本主义萌芽后，思想文化领域开始了文艺复兴运动，建筑也随之进入一个崭新的阶段。此时的意大利领导着欧洲建筑的新潮流，众星璀璨，繁花似锦，造了一大批不朽的建筑和学识渊博的建筑师。当时的建筑理论也十分活跃，所谓的"复兴"也就是古希腊、古罗马的复兴，他们的创作灵感和范本，正是古希腊和古罗马的建筑及其理论。17世纪文艺复兴后的意大利，建筑现象十分复杂，后人的评价也是毁誉均有，被称作"巴洛克"式建筑，炫耀财富，追求财富，趋向自然，常常玩弄曲线、曲面，建筑创作走向了矫揉造作。一般认为文艺复兴之后法国的古典主义代表了欧洲建筑的主流，典范之作是凡尔赛宫和鲁佛尔宫（卢浮宫），之后出现了"洛可可"（主要表现在室内装饰上）。

18世纪60年代到19世纪末，在欧美建筑创作中又流行着一种复古思潮，如古典复兴（以区别于文艺复兴）、浪漫主义与折中主义。它们极力推崇古希腊艺术的优美典雅，古罗马艺术的雄伟壮丽，许多人攻击巴洛克与洛可可的繁琐和造作，认为古希腊、古罗马的建筑才是新时代建筑的基础。美国的国会大厦、巴黎的星形广场凯旋门就是古典复兴的作品。

经过多方面和诸多流派的积极探索，世界建筑史进入了现代建筑时代。

（3）现代建筑

工业革命以后，新材料、新技术、新的施工工艺逐渐在建筑领域得到运用，尤其钢材、混凝土、玻璃的运用，建筑创作的自由度也大大提高，复古的建筑形式已经与现代的建筑材料、新的结构类型产生了矛盾，钢筋混凝土结构或钢结构的建筑物外是石材的古典柱子，形式与内容是不一致的。于是，新建筑运动脱颖而出，成为主流，他们注重建筑的功能，注意发挥新型建筑材料和建筑结构的性能特点，充分考虑建筑的经济性，主张创造新的建筑风格，认为建筑空间比平面和立面更重要，废弃表面的外加装饰，认为建筑美的基础是建筑处理的合理性与逻辑性。这些观点一般称为建筑中的"功能主义"（Functionalism），或"理性主义"（Rationalism），或"现代主义"（Modernism）。现代建筑派的代表人物有德国的格罗皮乌斯、密斯·凡·德·罗（二战后去了美国）、法国的勒·柯布西耶、美国的赖特等。

应该说在当时的历史条件下，现代主义的观点是正确的，但随之而来的是摒弃装饰的"火柴盒"式建筑到处泛滥，建筑没有地域、没有民族、没有文化、没有国家的差别，被戏称为"国际式"建筑。

现代建筑逐渐步入了困境，出现其他一些建筑流派也成为一种历史必然。今天，世界建筑已经呈现一种百花齐放的态势，这也正是建筑文化的需要。随着科技的进步，更先进的建筑材料、结构类型、施工工艺的运用，建筑业也必将迎来一个又一个新的春天（图4、图5）。

图4　阿联酋迪拜大楼

图5　上海环球金融中心

　　我们必须面对这样一个现实，尽管我国有着辉煌的古建筑文明，在世界建筑史上有着极其重要的地位，但是，由于种种历史原因，自现代建筑以来我国的建筑业确实是落后于西方国家的。虽然改革开放以来，我国各行各业的发展是巨大的，建筑业的发展速度同样也是空前的，但今天这种差距仍然存在。因此，我们需要本着"一学、二用、三改、四创"的精神加以借鉴，在借鉴外国经验的同时，切记不可忘记我国自己的优良传统和具体现实。那么，如何赶上并超过先进国家，使我们的建筑事业创造新的辉煌，是落在我们每个人肩上的历史重任。

## 实 训 题

1. 学习有关建筑的参考资料，参观学习城市或校园建筑，扩大眼界，广开思路。
2. 查找资料：世界最高建筑排行榜前 10 名（按官方统计数据）。

# 第**1**章
# 建筑制图的标准和规范

　　图纸是工程师的技术语言，为了使工程图样达到基本统一，便于生产和技术交流，绘制工程图样必须遵守统一的规定，使图面简洁、简明，符合设计、施工、存档的要求（图1-1）。这个在全国范围内的统一的规定就是国家制图标准。它是一项所有工程人员在设计、施工、管理中必须严格遵守的国家法令。

| | 美术画  | 工程图 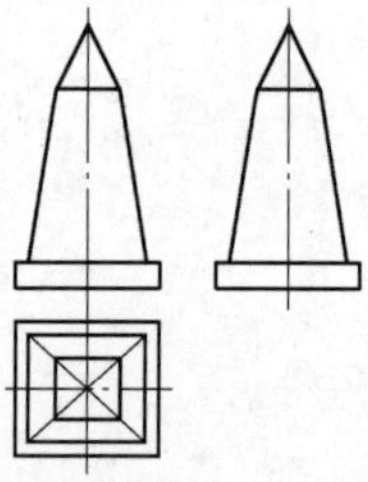 |
|---|---|---|
| 想象力 | 允许自由想象 | 准确表达客观存在 |
| 绘图技巧 | 多为徒手绘图<br>技巧性强<br>难以掌握 | 使用绘图工具绘制<br>（尺规、计算机） |
| 审美 | 在作品中体现美 | 干净、整洁、布图合理 |
| 看图 | 直观性强 | 需掌握读图能力 |

图1-1　美术画与工程图样的区别

　　现行有关建筑制图标准主要有国家质量技术监督局发布的《技术制图》、建设部发布的《房屋建筑制图统一标准》（GB/T 50001—2010）、《总图制图标准》（GB/T 50103—2010）、《建筑制图标准》（GB/T 50104—2010）、《建筑结构制图标准》（GB/T 50105—2010）、《给水排水制图标准》（GB/T 50106—2010）、《暖通空调制图标准》（GB/T 50114—2010）。

# 1.1 制图的基本规定

## 1.1.1 图纸

为了使图纸整齐，便于管理和装订，《房屋建筑制图统一标准》（GB/T 50001—2010）对图纸的幅面、图幅、格式及标题栏、会签栏等内容做出统一规定。

### 1. 图纸幅面

图纸幅面简称图幅，是指图纸尺寸的大小。建设工程所用图纸应符合表 1-1 的规定；在一套施工图中，选用图幅应以一种规格为主，如图纸幅面不够，只能加长其长边，加长尺寸为长边的 $n/8$ 倍。

**表 1-1 幅面及图框尺寸**　　　　　　　　　　　　　　　（单位：mm）

| 幅面代号<br>尺寸代号 | A0 | A1 | A2 | A3 | A4 |
|---|---|---|---|---|---|
| $b \times l$ | $841 \times 1189$ | $594 \times 841$ | $420 \times 594$ | $297 \times 420$ | $210 \times 297$ |
| $c$ | 10 | | | 5 | |
| $a$ | 25 | | | | |

注：尺寸代号含义见图 1-2。

### 2. 图框形式

图框是指图纸上绘图范围的界限。每张图纸都应用粗实线绘制图框，图框分为横式和立式两种，以短边作为垂直边称为横式，如图 1-2a 所示；以短边作为水平边称为立式，如图 1-2b 所示。一般 A0 ~ A4 图纸宜横式使用，必要时也可立式使用。

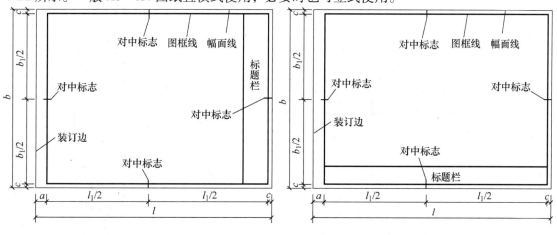

a)

图 1-2 图框形式

a) A0 ~ A3 横式幅面

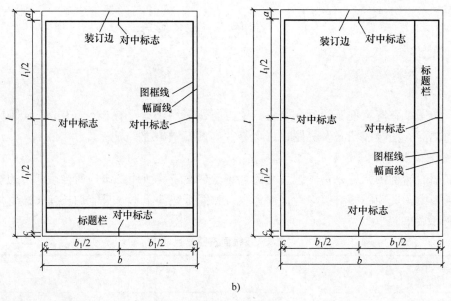

b)

图 1-2　图框形式（续）

b)　A0～A4 立式幅面

### 3. 标题栏与会签栏

标题栏又称图标，用来填写工程名称、设计单位、图名、图纸编号等内容，如图 1-3 所示。标题栏可根据工程需要选择确定其尺寸、格式、分区。

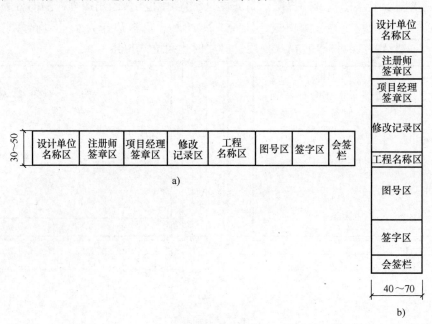

图 1-3　标题栏

会签栏内应填写会签人员所代表的专业、姓名、日期。不需会签的图纸可不设会签栏。学生制图标题栏，建议采用图1-4所示格式。

**4. 图纸编排顺序**

按照国家制图标准规定，工程图纸按专业顺序编排，一般应为图纸目录、总图、建筑图、结构图、给水排水图、暖通空调图、电气图……各专业的图纸，应按图纸内容的主次关系、逻辑关系，有序排列。

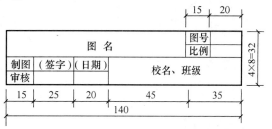

图1-4　学生制图标题栏

## 1.1.2　图线

画在图纸上的线条统称图线。为了使图上的内容有立体感、主次分明、清晰易读，在绘制工程图时，采用不同线型和不同粗细的图线来表示不同的意义和用途。

**1. 线宽**

《房屋建筑制图统一标准》（GB/T 50001—2010）对图线宽度 $b$ 的规定见表1-2。在绘图时应根据图样的复杂程度与比例关系，先选定基本线宽 $b$，再选用表1-2中的线宽组。

表1-2　线　宽　组

| 线宽比 | 线宽组 | | | |
|---|---|---|---|---|
| $b$ | 1.4 | 1.0 | 0.7 | 0.5 |
| $0.7b$ | 1.0 | 0.7 | 0.5 | 0.35 |
| $0.5b$ | 0.7 | 0.5 | 0.35 | 0.25 |
| $0.25b$ | 0.35 | 0.25 | 0.18 | 0.13 |

**2. 线型**

建筑工程图中的图线线型、线宽及用途如表1-3所示。

表1-3　图线

| 名　　称 | | 线　　型 | 线　宽 | 用　　途 |
|---|---|---|---|---|
| 实线 | 粗 | —————————— | $b$ | 主要可见轮廓线 |
| | 中粗 | —————————— | $0.7b$ | 可见轮廓线 |
| | 中 | —————————— | $0.5b$ | 可见轮廓线、尺寸线、变更云线 |
| | 细 | —————————— | $0.25b$ | 图例填充线、家具线 |
| 虚线 | 粗 | – – – – – – – | $b$ | 见各有关专业制图标准 |
| | 中粗 | – – – – – – – | $0.7b$ | 不可见轮廓线 |
| | 中 | – – – – – – – | $0.5b$ | 不可见轮廓线、图例线 |
| | 细 | – – – – – – – | $0.25b$ | 图例填充线、家具线 |
| 单点长画线 | 粗 | —·—·—·—·— | $b$ | 见各有关专业制图标准 |
| | 中 | —·—·—·—·— | $0.5b$ | 见各有关专业制图标准 |
| | 细 | —·—·—·—·— | $0.25b$ | 中心线、对称线、轴线等 |

（续）

| 名　　称 | | 线　　型 | 线　宽 | 用　　途 |
|---|---|---|---|---|
| 双点长画线 | 粗 | —— ‥ —— ‥ —— | $b$ | 见各有关专业制图标准 |
| | 中 | —— ‥ —— ‥ —— | $0.5b$ | 见各有关专业制图标准 |
| | 细 | —— ‥ —— ‥ —— | $0.25b$ | 假想轮廓线、成型前原始轮廓线 |
| 折断线 | 细 | ——/\/—— | $0.25b$ | 断开界线 |
| 波浪线 | 细 | ∽∽∽ | $0.25b$ | 断开界线 |

**3. 图线画法**

图线和线宽确定后，在绘图过程中应注意以下几点：

①相互平行的图线，其间隙不宜小于其中的粗线宽度，且不小于0.7。

②虚线、单点或双点画线的线段长度和间隔，宜各自相等。

③单点或双点画线，在较小图形中绘制有困难时，可用实线代替。

④单点或双点画线的两端，不应是点。点画线交接处或点画线与其他图线交接时，应是线段交接，如图1-5所示。

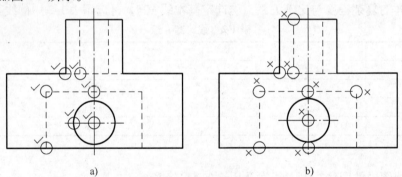

a)　　　　　　　　　　　　　　b)

图1-5　各种线型交接画法

a）正确　b）错误

⑤虚线与虚线交接或虚线与其他图线交接时，应是线段交接。虚线为实线的延长线时，不得与实线连接，如图1-5所示。

⑥图线与文字、数字或符号重叠时，应首先保证文字的清晰。

## 1.1.3　字体

图纸上所需书写的文字、数字、符号等，均应笔画清晰、书写端正、排列整齐，标点符号应清楚明确。

**1. 汉字**

图样及说明中的汉字采用国家公布的简化汉字，并采用长仿宋体。文字的字高即字号应从下列系列中选用：3.5、5.7、10、14、20mm。字的宽度和高度的关系，应符合表1-4的规定。大标题、图册封面、地形图等的汉字，也可书写成其他字体，但应易于辨认。

**表1-4　长仿宋体字高宽关系**　　　　　　　　（单位：mm）

| 字高 | 20 | 14 | 10 | 7 | 5 | 3.5 |
|---|---|---|---|---|---|---|
| 字宽 | 14 | 10 | 7 | 5 | 3.5 | 2.5 |

写好长仿宋体字的基本要领为横平竖直、起落分明、结构匀称、填满方格，字体如图1-6所示。长仿宋体字和其他汉字一样，都是由点、横、竖、撇、捺、挑、折、钩8种笔画组成。在书写时，要先掌握基本笔画的特点，注意起笔和落笔要有棱角，使笔画形成尖端，字体的结构布局、笔画之间的间隔应均匀相称，偏旁、部首比例要适当。要写好长仿宋体字，正确的方法是按字体大小，先用铅笔淡淡地打好字格，多描摹和临摹，多看、多写，持之以恒，自然熟能生巧。

建筑工程制图统一标准底层平面图比例尺
梁板柱框基础屋架墙身设计说明砖混结构
电力照明分配排水卫生供热采暖通风消防
水泥砂石灰浆门窗雨篷勒脚挑檐栏杆扶手

图1-6　字体示例

## 2. 拉丁字母和数字

设计图纸中的拉丁字母、阿拉伯数字与罗马数字可按需要写成直体字或斜体字，斜体字斜度应是从字的底线逆时针向上倾斜75°，小写字母约为大写字母的7/10。字母和数字的示例如图1-7所示。

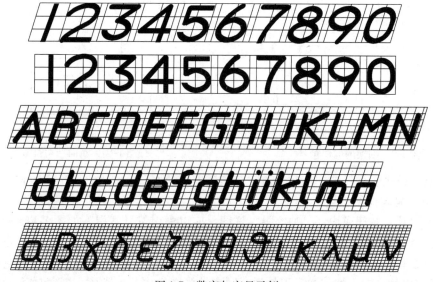

图1-7　数字与字母示例

## 1.1.4　比例

图样的比例是指图形与实物相对应的线性尺寸之比。比例的大小，即其比值的大小，如
1:50 大于 1:100。比例宜注写在图名的右侧，与字的基准线齐平，比例的字高应比图名的字高小一号或二号，如图 1-8 所示。

**底层平面图** 1:100

图 1-8　比例的注写

绘图时所用的比例，应根据图样的用途与被绘对象的复杂程度选定。一般情况下，一个图样应选用一个比例。

## 1.1.5　符号

**1. 剖切符号**

（1）剖视的剖切符号应符合下列规定：

1）剖视的剖切符号应由剖切位置线及投射方向线组成，均应以粗实线绘制。剖切位置线的长度宜为 6～10mm；投射方向线应垂直于剖切位置线，长度应短于剖切位置线，宜为 4～6mm。如图 1-9 所示。绘制时，剖视的剖切符号不应与其他图线相接触。

2）剖视剖切符号的编号宜采用阿拉伯数字，按顺序由左至右、由下至上连续编排，并应注写在剖视方向线的端部。

3）需要转折的剖切位置线，应在转角的外侧加注与该符号相同的编号。

4）建（构）筑物剖面图的剖切符号宜注在 ±0.000 标高的平面图上。

（2）断面的剖切符号应符合下列规定：

1）断面的剖切符号只用剖切位置线表示，并应以粗实线绘制，长度宜为 6～10mm。

2）断面剖切符号的编号宜采用阿拉伯数字，按顺序连续编排，并应注写在剖切位置线的一侧，编号所在的一侧应为该断面的剖视方向，如图 1-10 所示。

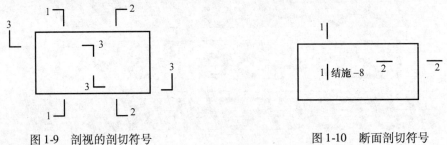

图 1-9　剖视的剖切符号　　　　　　　　图 1-10　断面剖切符号

当建筑物或建筑材料被剖切时，通常在图样中的断面轮廓线内，画出建筑材料图例。

**2. 索引符号与详图符号**

图样中的某一局部或构件，如需另见详图，应以索引符号索引，如图 1-11a 所示。索引符号是由直径为 10mm 的圆和水平直径组成，圆及水平直径均应以细实线绘制。索引符号应按下列规定编写：

1）索引出的详图，如与被索引的详图同在一张图纸内，应在索引符号的上半圆中用阿

拉伯数字注明该详图的编号，并在下半圆中画一段水平细实线，如图1-11b所示。

2）索引出的详图，如与被索引的详图不在同一张图纸内，应在索引符号的上半圆中用阿拉伯数字注明该详图的编号，在索引符号的下半圆中用阿拉伯数字注明该详图所在图纸的编号，如图1-11c所示。数字较多时，可加文字标注。

3）索引出的详图，如采用标准图，应在索引符号水平直径的延长线上加注该标准图册的编号，如图1-11d所示。

图1-11　索引符号

a）索引符号的组成　b）索引图在同一张图纸上　c）索引图不在同一张图纸上
d）索引图在标准图上

### 3. 对称符号

对称图形绘图时可只画对称图形的一半，并用细实线和点画线画出对称符号，如图1-12所示。对称符号中平行线的长度宜为6～10mm，间距为2～3mm，对称线垂直平分于两对平行线，两端超出平行线2～3mm。

### 4. 指北针

指北针的形状如图1-13所示，圆的直径为24mm，用细实线绘制，尾部宽度为3mm，指北针头部应注明"北"或"N"字样。

### 5. 风玫瑰图

风玫瑰图是根据某一地区多年统计的各方向平均吹风次数的百分数值，按一定比例绘制而成，一般用8～16个方位表示，如图1-14所示。在风玫瑰图中，风的吹向是从外向内（中心），实线表示全年风向频率，虚线表示夏季风向频率。

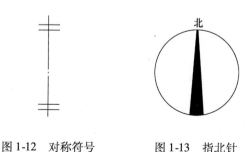

图1-12　对称符号　　　　　图1-13　指北针　　　　　图1-14　风玫瑰图

## 1.1.6　定位轴线

为了便于施工时定位放线以及查阅图纸中相关的内容，在绘制建筑图样时通常将墙、柱等承重构件的中心线作为定位轴线。建筑制图中，定位轴线应用细点画线绘制并编号，编号应注写在轴线端部的圆内。圆应用细实线绘制，直径为 8～10mm。

建筑的定位轴线是建筑施工图一个重要内容。建筑的结构和构件的位置定位及其确定尺寸，都需要通过定位轴线来完成，建筑施工放线更离不开定位轴线。因此定位轴线的作用是不容忽视的。

对于定位轴线来说，它的间距必须符合建筑模数以及模数协调的有关规定。一般情况下，定位轴线的间距应符合扩大模数 3M（即 300mm，1M = 100mm）的模数数列。建筑构配件的位置以及尺寸，就是通过它们与定位轴线间的关系来定位的。

定位轴线的画法如图 1-15 所示。

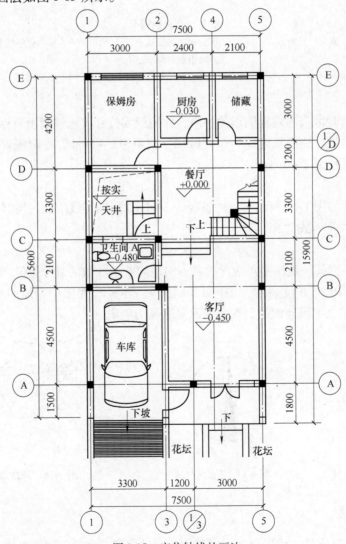

图 1-15　定位轴线的画法

普通建筑物的房间，平面形状以矩形居多，房间在平面上沿着纵横两个方向展开，组合成一个建筑物。建筑物的各种构配件也自然有纵横两个方向。比如，竖向承重构件的墙体有纵横两个方向；水平承重构件的梁板也是如此。这样，定位轴线所形成的网格也是矩形的，由纵向定位轴线和横向定位轴线所形成的网格称为轴网，见图 1-16。

纵向定位轴线间的距离称为建筑物的进深（或叫做跨度）；横向定位轴线间的距离称为建筑物的开间（或叫做柱距）。

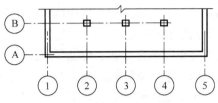

图 1-16　矩形轴网的纵横向定位轴线

水平跨越构件（指楼板、梁等）的标志尺寸，通过看纵横向定位轴线间的距离可以得到。比如，一座教室的轴线尺寸是 9900mm × 6600mm，它是由 3 个 3300mm 的开间组成，进深方向 6600mm，那么这座教室在 3 个开间内所用楼板的标志长度都是 3300mm，中间开间梁的标志长度是 6600mm。我们说定位轴线间的距离应符合模数，也就是房屋的开间（柱距）和进深（跨度）应符合模数，只有这样建筑构件才能标准化，并最终实现建筑工业化。

横向定位轴线的编号用阿拉伯数字自左向右注写，纵向定位轴线用大写拉丁字母自下向上注写，见图 1-16。但"I"、"O"、"Z"三个字母不得使用，以免与阿拉伯数字"1"、"0"、"2"相混淆。对于附加轴线（一般指次要的定位轴线）可用分数的表示方法来编号：分母表示该轴线前一定位轴线的编号，分子表示该分轴线的编号，见图 1-17。1 号轴线和 A 号轴线之前的附加轴线也用分数表示，它们的分母分别用 01、0A 表示。

当建筑物的平面较复杂时，标注轴线也可以采用分区编号的形式。注写形式为"分区号—该区的轴线编号"，见图 1-18。

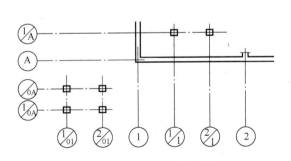

图 1-17　附加轴线的表示方法

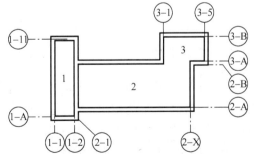

图 1-18　定位轴线分区编号

绘制建筑详图时，有时同一个详图适用于多个地方，那么该详图所适用处的定位轴线就应同时注出。这样就出现了一条定位轴线多个编号情况。详图定位轴线的注法如图 1-19 所示。也有些通用详图，由于适用的位置太多，定位轴线也可采取只画轴线圈而不注写编号的办法。

有的建筑物，由于本身造型较复杂、平面形状多变等原因，无法采用普通的矩形轴网，而只能采用其他形式的异形轴网（图1-20）。常见的异形轴网有弧形轴网、环形轴网、平行四边形轴网、三角形轴网、不规则轴网等。有的建筑物是采用两种或两种以上的轴网组合在一起。总之，建筑平面及造型越不规则、越复杂，定位轴线所形成的轴网也就越复杂。阅读建筑施工图时，只要真正理解定位轴线的含义，再复杂的轴网，再不规则的平面，也是不难识读的。

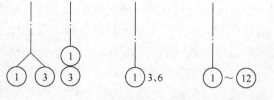

图1-19　详图轴线的编号

用于两条轴线　　　用于三条轴线　　　用于连续多条轴线

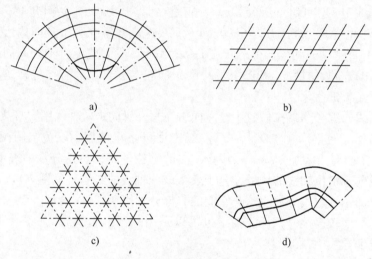

a)

b)

c)

d)

图1-20　轴网的形式

a）弧形轴网、环形轴网　b）平行四边形轴网　c）三角形轴网　d）不规则轴网

## 1.1.7　尺寸标注

　　图样除了画出建筑物及其各部分的形状外，还必须准确、详尽、清晰地标注尺寸，以确定大小，作为施工时的依据。因此，尺寸标注是图样中的重要内容，也是制图工作中极为重要的一环，需要认真细致、一丝不苟。

### 1. 尺寸的组成

　　一个完整的尺寸由尺寸界线、尺寸线、尺寸起止符号、尺寸数字4部分组成，故常称为尺寸的4大要素，如图1-21所示。

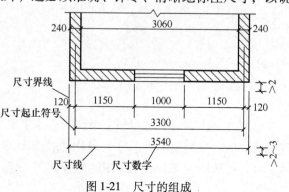

图1-21　尺寸的组成

尺寸界线应用细实线绘制，一般应与被注长度方向垂直，一端应离开图样轮廓线不小于 2mm，另一端应超出尺寸线 2~3mm，图样轮廓线也可用作尺寸界线。

尺寸线应用细实线绘制并与被注长度方向平行，图样本身的任何图线均不得用作尺寸线。

尺寸起止符号一般用与尺寸界线成顺时针 45° 的中粗斜短线绘制，长度宜为 2~3mm。半径、直径、角度与弧长的尺寸起止符号，宜用箭头表示。

**2. 尺寸数字**

图样上的尺寸，以尺寸数字为准，不得从图上直接量取。图样上的尺寸单位，除标高及总平面尺寸以米（m）为单位外，其他必须以毫米（mm）为单位。尺寸数字的方向，应按图 1-22a 的规定注写。若尺寸数字在 30° 斜线区内，宜按图 1-22b 的形式注写。

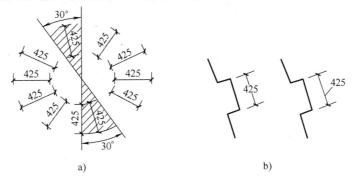

图 1-22　尺寸数字的注写方向

a）尺寸数字标注　b）30°斜线区内尺寸数字标注

尺寸数字一般应依据其方向注写在靠近尺寸线的上方中部。如没有足够的注写位置，最外边的尺寸数字可注写在尺寸界线的外侧，中间相邻的尺寸数字可错开注写，如图 1-23 所示。

图 1-23　尺寸的注写位置

**3. 尺寸的排列与布置**

建筑图中尺寸的排列和布置应注意以下几点：

1）尺寸应标注在图样轮廓以外，不宜与图线、文字、符号等相交。必要时也可标注在图样轮廓线以内。

2）互相平行的尺寸线应从被注图样轮廓线由里向外整齐排列，小尺寸在里，大尺寸在外。小尺寸距离图样轮廓线不小于 10mm，平行排列的尺寸线间距约为 7~10mm。在建筑工程图样上，通常由外向内标注三道尺寸，即总尺寸、轴线尺寸、分尺寸，如图 1-24 所示。

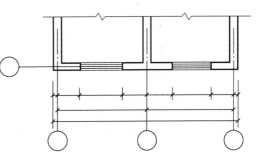

图 1-24　尺寸的排列与布置

3）总尺寸的尺寸界线应靠近所指部位，中间分尺寸的尺寸界线可稍短，但长度应相等。

**4. 半径、直径的标注**

半径的尺寸线应一端从圆心开始，另一端画箭头指向圆弧。半径尺寸数字前应加注半径符号"R"，如图 1-25a 所示。较小圆弧的半径，可按图 1-25b 形式标注。较大圆弧的半径，可按图 1-25c 形式标注。

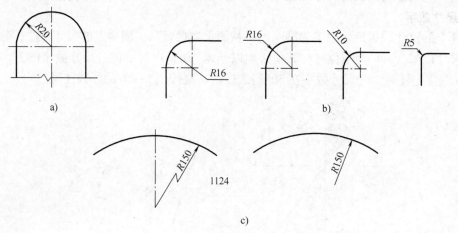

图 1-25　半径的标注

a）半径标注方法　b）小圆弧半径的标注方法　c）大圆弧半径的标注方法

标注圆的直径时，直径数字前应加直径符号"φ"。在圆内标注的尺寸线应通过圆心，两端画箭头指至圆弧，如图 1-26 所示。

**5. 角度、弧度、弦长的标注**

角度的尺寸线应以圆弧表示。该圆弧的圆心应是该角的顶点，角的两条边为尺寸界线。起止符号应以箭头表示，如没有足够位置画箭头，可用圆点代替，角度数字应按水平方向注写，如图 1-27a 所示。

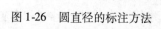

图 1-26　圆直径的标注方法

标注圆弧的弧长时，尺寸线应以与该圆弧同心的圆弧线表示，尺寸界线应垂直于该圆弧的弦，起止符号用箭头表示，弧长数字上方应加注圆弧符号"⌒"，如图 1-27b 所示。

标注圆弧的弦长时，尺寸线应以平行于该弦的直线表示，尺寸界线应垂直于该弦，起止符号用中粗斜短线表示，如图 1-27c 所示。

**6. 坡度的标注**

标注坡度时，在坡度数字下，应加注坡度符号，坡度符号用单面箭头，一般应指向下坡方向，如图 1-28 所示。其注法可用百分率表示，如图 1-28a 中的 2%；也可用比例表示，如图 1-28b 中的 1：2；还可用直角三角形的形式表示，如图 1-28c 中的屋顶坡度。

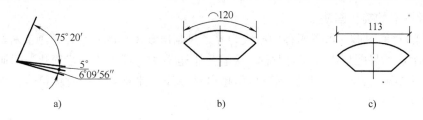

图 1-27 角度、弧度、弦长的标注

a）角度标注方法 b）弧长标注方法 c）弦长标注方法

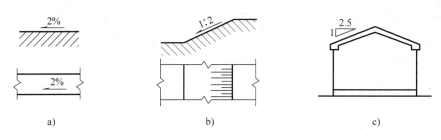

图 1-28 坡度的标注

a）坡度标注形式一 b）坡度标注形式二 c）坡度标注形式三

### 7. 标高

标高符号应以直角等腰三角形表示，如图 1-29a，用细实线绘制，如标注位置不够，也可按图 1-29b 所示形式绘制。总平面图室外地坪标高符号，宜用涂黑的三角形表示。

标高符号的尖端应指至被注高度的位置。尖端一般应向下，也可向上。标高数字注写在标高符号的左侧或右侧，如图 1-29c 所示。

标高数字应以米（m）为单位，注写到小数点以后第 3 位。在总平面图中，可注写到小数字点以后第 2 位。零点标高应注写成 ±0.000，正数标高不注 "＋"，负数标高应注 "－"，例如 3.000，－0.600。

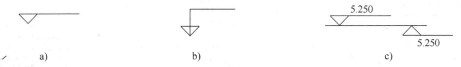

图 1-29 标高的标注

a）标高符号 b）标高标注形式一 c）标高标注形式二

## 1.2 简 化 画 法

为了节省绘图时间或由于绘图位置不够，《房屋建筑制图统一标准》（GB/T 50001—2010）规定允许在必要时采用下列简化画法。

### 1. 对称图形的简化画法

构配件的对称图形，可以对称中心线为界，只画出该图形的一半，并画上对称符号，如图 1-30a 所示。如果图形不仅左右对称，而且上下也对称，还可进一步简化，只画出该图形的 1/4，如图 1-30b 所示。对称图形也可稍超出对称线，此时可不画对称符号，而在超出对称线部分画上折断线，如图 1-30c 所示。

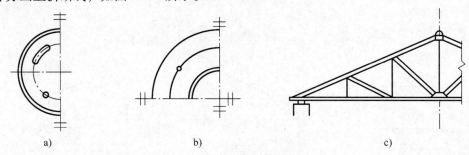

a)                              b)                              c)

图 1-30　对称图形的简化画法一

a）左右对称画法　b）左右、上下对称画法　c）折断线符号对称画法

对称的形体需画剖面图或断面图时，也可以对称符号为界，一半画外形图，一半画剖面图或断面图，如图 1-31 所示。

### 2. 相同构造要素的简化画法

建筑物或构配件的图样中，如果图上有多个完全相同且连续排列的构造要素，可以仅在两端或适当位置画出其完整形状，其余部分以中心线或中心线交点确定它们的位置即可，如图 1-32a 所示。如相同构造要素少于中心线交点，则应在相同构造要素位置的中心线交点处用小圆点表示，如图 1-32b 所示。

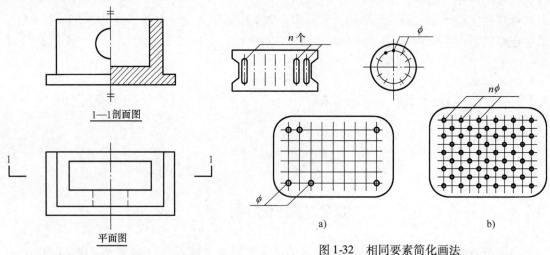

图 1-31　对称图形的简化画法二

图 1-32　相同要素简化画法

a）与中心线交点数相同时　b）与中心线交点数不相同时

**3. 较长构件的简化画法**

较长的构件，如沿长度方向的形状相同或按一定规律变化，可断开省略绘制，断开处应以折断线表示，如图 1-33 所示。应注意：当在用折断省略画法所画出的图样上标注尺寸时，其长度尺寸数值应标注构件的全长。

**4. 构件的分部画法**

绘制同一个构件，如绘制位置不够，可分成几个部分绘制，并应以连接符号表示相连。连接符号用折断线表示需连接的部位，并以折断线两端靠图样一侧用大写拉丁字母表示连接编号，两个被连接的图样，必须用相同字母编号，如图 1-34 所示。

图 1-33　较长构件的简化画法　　　　　　　图 1-34　连接符号

**5. 构件局部不同的简化画法**

当两个构配件仅部分不相同时，则可在完整地画出一个后，另一个只画不相同部分，但应在两个构配件的相同部分与不同部分的分界处，分别绘制连接符号。两个连接符号应对准在同一线上，如图 1-35 所示。

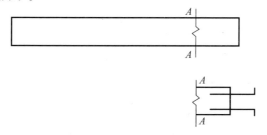

图 1-35　构件局部不同的简化画法

## 小　结

掌握建筑制图的标准和相关规范是识读建筑图的基础和前提。本章简要介绍了建筑制图标准的有关规定。通过学习，应了解并执行国家相关标准所规定的基本制图规范。

## 绘　图　题

1. 图纸、图线、比例、尺寸标注练习。

布置图面，分别用粗实线、中虚线完成 200mm×300mm 矩形的绘制（选取适当比例尺）

并标注相关尺寸。在布置图面时，应做到合理、匀称、美观。

2. 绘制教材图 1-21，掌握建筑物尺寸的标注方法。

## 实 训 题

按照建筑制图标准要求，练习长仿宋体字，以及数字与字母的书写。

# 第2章

# 点、线、面、体的投影

## 2.1 投影及其特性

### 2.1.1 投影的概念

我们知道，我们周围的三维空间的形体都有长度、宽度和高度，如果在只有二维空间的图纸上，准确全面地表达出形体的形状和大小，就必须用投影的方法，见图2-1。

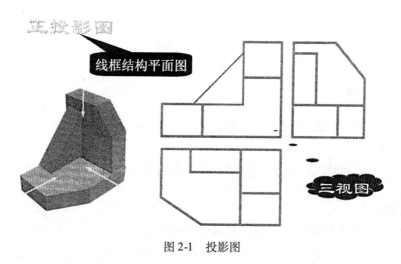

图 2-1 投影图

如图 2-2a 所示，在光线（如阳光）的照射下，形体将在地面上投下一个多边形的影子，这个影子反映形体的外部轮廓和大小。如图 2-2b 所示，假设光源发出的光线可穿透形体，将各顶点及各棱线投落在平面 H 上，则这些点和线的影子将组成一个能够反映出物体形状的图形，这个图形称为形体的投影。

由此可知，要产生投影必须具有 3 个条件：投射线、投影面和投影体，这 3 个条件又称为投影三要素。如图 2-2 所示，光源是投影中心，连接投影中心与形体上点的直线称为投射线。投影所在的平面 H 称为投影面。空间的几何形体称为投影体。通过一点的投影线与投影面 H 相交，所得交点称为该点在平面 H 上的投影。

这种对形体作出投影，在投影面上产生图像的方法，称为投影法。工程上常用这种投影法来绘制图样。

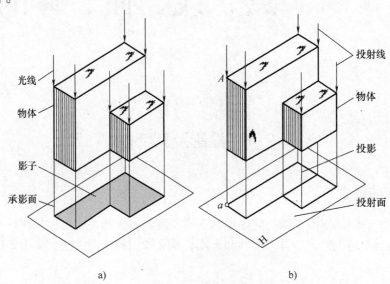

a) b)

图 2-2 影子与投影

a) 影子 b) 投影

## 2.1.2 投影的分类

投影一般分为中心投影和平行投影两类。

**1. 中心投影**

由一点发出呈放射状的投影线照射物体所形成的投影称为中心投影，如图 2-3 所示。

**2. 平行投影**

当投影中心 $S$ 至投影面 H 的距离无限远时，投射线可理解为相互平行的平行投影线，由平行投影线照射物体所形成的投影称为平行投影，如图 2-4 所示。

根据投射线与投影面夹角的不同，平行投影法又分为两种：

（1）正投影法 在平行投影中，投射线垂直于投影面

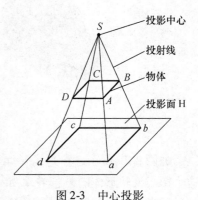

图 2-3 中心投影

时所形成的投影称为正投影（直角投影）。作出正投影的方法称为正投影法（直角投影法），如图 2-4a 所示。正投影法是工程上最常用的一种投影方法，本书主要讲授正投影。

（2）斜投影法　在平行投影中，投射线倾斜于投影面时所形成的投影，称为斜投影，如图 2-4b 所示。斜投影法常用来绘制工程中的辅助图样。

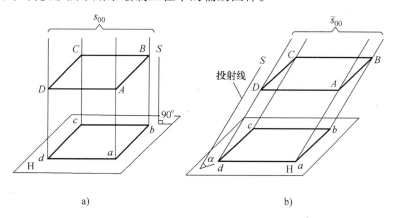

图 2-4　平行投影法

a）正投影法　b）斜投影法

## 2.1.3　工程中常用的图示法

用图样表达形体的空间形状的方法称为图示法。在图纸上表示工程结构物时，由于所表达的目的及被表达对象的特性不同，往往需要采用不同的图示方法。常用的图示方法有透视投影法、轴测投影法、正投影法和标高投影法。

**1. 透视投影法**

采用中心投影法将形体投射到单一投影面上所得到的具有立体感的投影图，简称透视图，如图 2-5 所示。透视图成像接近照相效果，比较符合人们的视觉，具有直观、形象的特点；但作图繁琐、度量性差，常作为方案设计阶段辅助视图。

**2. 轴测投影法**

轴测投影法是按照平行投影法，将空间形体投射到一个投影面上得到其投影图的一种方法，如图 2-6 所示。轴测投影图立体感强，在一定条件下，可度量出物体长、宽、高 3 个方向的尺寸。在实际工程中，常用轴

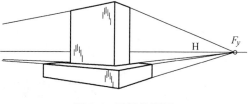

图 2-5　透视投影图

测投影绘制给水排水、采暖通风和空气调节等方面的管道系统图。

**3. 正投影法**

正投影法是指在两个或两个以上互相垂直的，并分别平行于形体主要侧面的投影面上作出空间形体的多面直角投影，然后将这些投影面按一定规律展开在一个平面上，从而得到形

体投影图的方法，如图 2-7 所示。正投影图的优点是作图简便、便于度量，工程上应用最广；但其直观性差，缺乏立体感。

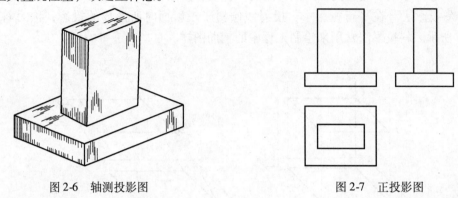

图 2-6　轴测投影图　　　　　　　　　图 2-7　正投影图

### 4. 标高投影法

标高投影法是利用正投影法画出的单面投影图，在其上注明标高数据，如图 2-8 所示。标高投影常用来绘制地形图、建筑总平面图，以及道路、水利工程等的平面布置图。

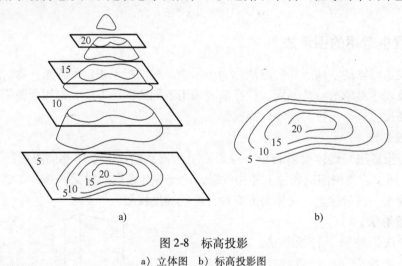

图 2-8　标高投影

a）立体图　b）标高投影图

## 2.2　三面投影体系的形成

工程上绘制的图样主要采用具有绘图简单、图样真实、方便度量等优点的正投影法。在正投影中，物体的一个投影只能表达三维物体两个方向的尺度关系，不能确定出空间物体的唯一准确形状。解决这一问题需要建立多个投影面，一般用 3 个互相垂直的投影面建立三面投影体系。

### 2.2.1　三面投影体系的建立

如图 2-9 所示，三面投影体系由相互垂直的投影面组成。其中水平放置的面被称为水平投影面，用字母 H 表示；竖立在正面的投影面被称为正立投影面，用字母 V 表示；立在侧面的投影面被称为侧立投影面，用字母 W 表示。3 个投影面相交于 3 个投影轴即 $OX$、$OY$、$OZ$，3 个投影轴相互垂直并相交于原点 $O$。如图 2-10 所示，将物体置于三面投影体系中，分别向 3 个投影面进行正投影，在 H、V、W 面所得的投影被称为水平投影图、正面投影图和侧面投影。由于 3 个投影图分别位于相互垂直的 3 个投影面上，绘图过程非常不便。为了在同一平面内将三面视图完整地反映出来，需要将 3 个投影面进行展开。即 V 面保持不动，H 面绕 $OX$ 轴向下旋转 90°，W 面绕 $OZ$ 轴向右旋转 90°，这样 H、V、W 面位于同一平面，即形成三面正投影图，如图 2-11 所示。

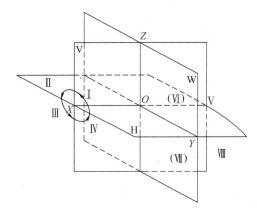

图 2-9　三面投影体系

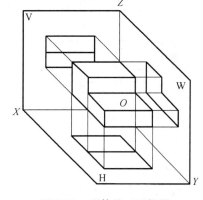

图 2-10　形体的三面投影

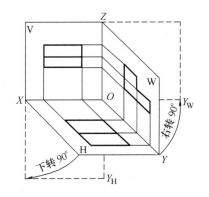

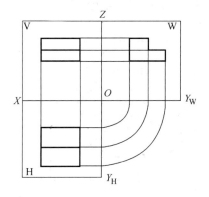

图 2-11　平面投影的展开

## 2.2.2　三面正投影图的对应关系

### 1. 三面正投影图的三等关系

由于三面正投影图反映物体 3 个方面（上面、正面、侧面）的形状和 3 个方向（长、宽、高）的尺寸，而每一投影面只能表达物体的一面形状和两个方向，因此三面正投影图之间存在着密切的关系。如图 2-12 所示，正面投影图反映物体的长度和高度，水平投影图反映物体的长度和宽度，侧面投影图反映物体的高度和宽度。因此，展开后的三面正投影图的位置关系和尺寸关系是：正面投影图和水平投影图左右对正，长度相等；正面投影图和侧面投影图上下看齐，高度相等；水平投影图和侧面投影图前后对应，宽度相等。即"长对正""高平齐""宽相等"，简称为"三等关系"。

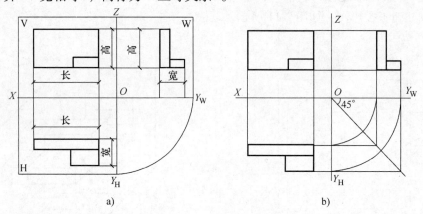

图 2-12　投影的三等关系

### 2. 三面正投影图的方位关系

如图 2-13 所示，正面投影图反映物体上下、左右关系，水平面投影图反映物体前后和左右关系，侧面投影图反映物体上下和前后关系。

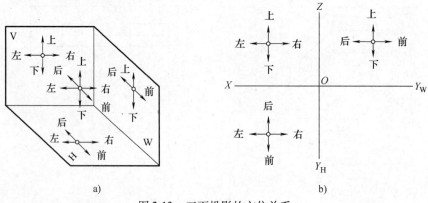

图 2-13　三面投影的方位关系

a）透视图　b）投影图

# 2.3  点 的 投 影

任何物体都是由点、线、面组成的，建筑形体也不例外。所以说点、线、面是构成物体的最基本的几何元素，而点的投影规律是线、面、体投影的基础。

## 2.3.1  点的投影的基本概念

如图 2-14a 所示，将空间点 $A$ 设在三面投影体系中，由点 $A$ 分别向 3 个投影面做垂线（投影线）可得到 3 个垂足 $a$、$a'$、$a''$，即为空间点 $A$ 的三面投影。其中点 $A$ 在 H 面上的投影称为点 $A$ 的水平投影，用小写字母 $a$ 表示；V 面上的投影称为点 $A$ 的正立投影，用 $a'$ 表示；W 面上的投影称为点 $A$ 的侧面投影，用 $a''$ 标注。为将点 $A$ 的 3 个投影表示在同一平面内，将三面投影体系展开，即得到点 $A$ 的三面投影图，如图 2-14b、c 所示。其投影规律如下：

点的 V、H 投影连线垂直于 $OX$ 轴，即 $aa' \perp OX$ 轴。

点的 V、W 投影连线垂直于 $OZ$ 轴，即 $a'a'' \perp OZ$ 轴。

点的水平投影到 $OX$ 轴的距离等于侧面投影到 $OZ$ 轴的距离，即 $aa_X = a''a_Z = y$。

为了表示 $aa_X = a''a_Z = y$ 的关系，常用过原点 $O$ 的 45°斜线（图 2-14b）或以 $O$ 为圆心以 $aa_X$ 为半径的圆弧（图 2-14c），把水平投影和侧面投影之间的投影连线联系起来。

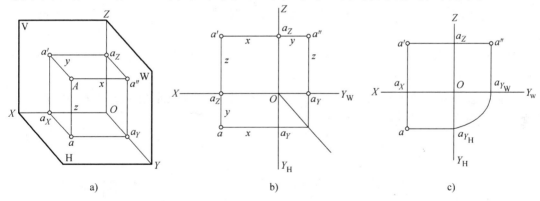

图 2-14  点的三面投影

a）点的透视图  b）、c）点的投影

综观点的投影的 3 条规律不难发现，只要任意给出点的两个投影就可以补出点的第三面投影（即"二补一"作图）。

【例 2-1】  如图 2-15 所示，已知点 $B$ 的正面投影 $b'$ 和水平投影 $b$，求该点的侧面投影 $b''$。

分析：由点的投影规律可知，正面投影和侧面投影连线垂直于 $Z$ 轴，即 $b'b'' \perp OZ$ 轴，

所以 $b''$ 一定在过 $b'$ 且垂直于 $OZ$ 轴的直线上，又因为水平投影到 $X$ 轴的距离等于侧面投影到 $Z$ 轴的距离，便可以求得 $b''$。

作图：由 $b'$ 作 $OZ$ 轴的垂线与 $OZ$ 轴相交于 $b_Z$，在此垂线上自 $b_Z$ 向前量取 $b_Zb'' = bb_X$，即得点 $B$ 的侧面投影 $b''$。

### 2.3.2　点的坐标

如果把三投影面体系看作空间直角坐标系，把投影面 H、V、W 视为坐标面，投影轴 $OX$、$OY$、$OZ$ 视为坐标轴，则空间点 $A$ 分别到 3 个坐标面的距离 $Aa''$、$Aa'$、$Aa$ 可用点 $A$ 的 3 个直角坐标轴 $x$，$y$，$z$ 表示，记为 $A(x, y, z)$，见图 2-14a。同时点 $A$ 的 3 个投影 $a$、$a'$、$a''$ 也可用坐标来确

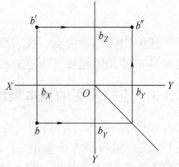

图 2-15　求点的第三面投影

定。即：水平投影 $a$ 由 $x$ 和 $y$ 确定，反映了空间点 $A$ 到 W 面和 V 面的距离 $Aa''$ 和 $Aa'$；正面投影 $a'$ 由 $x$ 和 $z$ 确定，反映了空间点 $A$ 到 W 面和 H 面的距离 $Aa''$ 和 $Aa$；侧面投影 $a''$ 由 $y$ 和 $z$ 确定，反映了空间点 $A$ 到 V 面和 H 面的距离 $Aa'$ 和 $Aa$。

【例 2-2】　已知空间点 $B$ 的坐标为 $x = 12$，$y = 10$，$z = 15$，也可以写成 $B(12, 10, 15)$。单位为 mm（下同）。求作 $B$ 点的三面投影。

分析：三知空间点的 3 个坐标，便可先作出该点在 V，H 面上的两个投影，再作出 W 面上的投影。

作图：①画投影轴，在 $OX$ 轴上由 $O$ 点向左量取 12，定出 $b_X$，过 $b_X$ 作 $OX$ 轴的垂线，如图 2-16a 所示。

②在 $OZ$ 轴上由 $O$ 点向上量取 15，定出 $b_Z$，过 $b_Z$ 作 $OZ$ 轴垂线，两条线交点即为 $b'$，如图 2-16b 所示。

③在 $b'b_X$ 的延长线上，从 $b_X$ 向下量取 10 得 $b$；在 $b'b_Z$ 的延长线上，从 $b_Z$ 向右量取 10 得 $b''$。或者由 $b'$ 和 $b$ 用图 2-16c 所示的方法作出 $b''$。

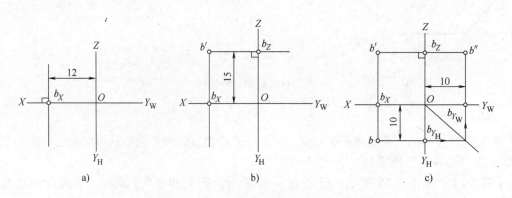

a)　　　　　　　　　　b)　　　　　　　　　　c)

图 2-16　由点的坐标作三面投影

### 2.3.3 两点的相对位置及重影点

#### 1. 两点的相对位置

空间两点的相对位置是指两点间上下、左右、前后位置关系。在投影图上判别两点的相对位置是读图中的重要问题。

空间两点的相对位置可根据它们在投影图中各组同面投影的相对位置，或比较同面投影坐标值来判断；从三面投影图所反映的物体位置关系可知，对于两点的相对位置可由两点各方向的坐标值大小来确定。两点的 V 面投影反映上下、左右关系；两点的 H 面投影反映左右、前后关系；两点的 W 面投影反映上下、前后关系。

【例 2-3】 已知空间点 C (15, 8, 12)，D 点在 C 点的右方 7，前方 5，下方 6。求作 D 点的三面投影。

分析：D 点在 C 点的右方和下方说明 D 点的 X、Z 坐标小于 C 点的 X、Z 坐标；D 点在 C 点的前方，说明 D 点的 Y 坐标大于 C 点 Y 坐标。可根据两点的坐标差作出 D 点的三面投影。

作图：如图 2-17 所示。

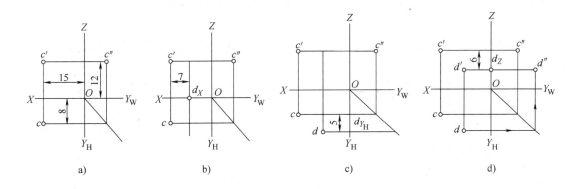

a)          b)          c)          d)

图 2-17　求作 D 点的三面投影

a) C 点的三面投影　b) D 点在 C 点的右方 7　c) D 点在 C 点前方 5　d) D 点在 C 点下方 6

#### 2. 重影点

当两点同时处于某一投影面的同一条投射线上时，这两点在该投影面上的投影重合，因而这两点称为该投影面的重影点。

重影点的可见性由两点不重合投影的相对位置来判断。或由第三坐标大小来判断，坐标值大者为可见投影，坐标值小者为不可见投影，不可见的投影写在括号内。

如图 2-18a 所示，H 面重影点可见性判断是上遮下；V 面重影点可见性判断是前遮后，见图 2-18b 所示；W 面重影点可见性判断是左遮右，如图 2-18c 所示。

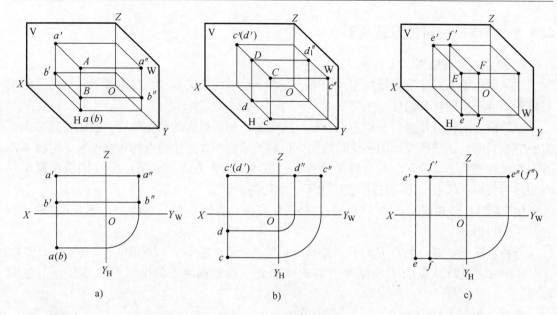

图 2-18　重影点的投影

a）重影点上遮下　b）重影点前遮后　c）重影点左遮右

【例 2-4】　已知形体的立体图和投影图如图 2-19a、b 所示，试在投影图上标记各主要点的投影和重影关系名称。

分析：由图 2-19a、b 所示，已知形体是四坡顶房屋的立体图和三面投影。现将图 2-19b 立体图中所标注的 A、B、C、D、E、F 各点的投影标注到投影图中相应部位，并将 H 面重影点 C、D，V 面重影点 C、E，W 面重影点 A、B 和 C、F 在各投影面上的不可见点投影加上括号，即 c(d)，c'(e')，a"(b")，c"(f")，如图 2-19c 所示。

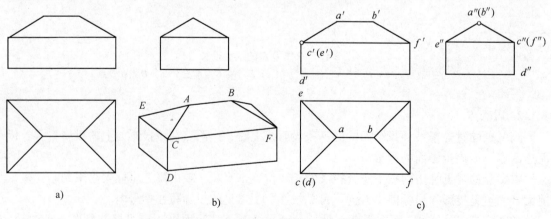

图 2-19　形体上各顶点的投影及重影点

a）四坡顶房屋三面投影图　b）立体图　c）各点的投影和重影关系

# 2.4 直线的投影

我们知道，过两点可以作一条直线，所以求作直线的投影可先求出该直线上任意两点的投影（一直线段通常取其两个端点），然后连接该两点的同面投影，便可得直线的三面投影，如图 2-20 所示。根据直线与投影面的相对位置，可把直线分为一般位置直线和特殊位置直线。空间直线与它的水平投影、正面投影、侧面投影的夹角，称为该直线对投影面 H、V、W 的倾角，分别用 $\alpha$、$\beta$、$\gamma$ 表示。

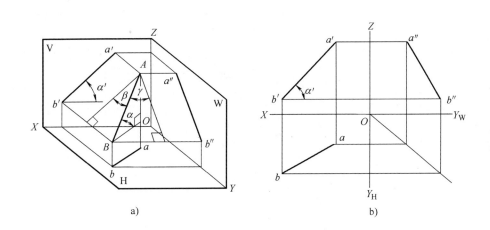

图 2-20　直线的投影

a）直观图　b）投影图

## 2.4.1　特殊位置直线及其投影特性

特殊位置直线包括投影面平行线和投影面垂直线两种。

### 1. 投影面平行线

平行于一个投影面并与另外两个投影面倾斜的直线称为投影面平行线。其中与水平投影面平行的直线被称为水平线；与正立投影面平行的直线被称为正平线；与侧立投影面平行的直线称为侧平线。表 2-1 列出了这 3 种直线的直观图、投影图和投影特点。

投影面平行线的投影特性归纳如下：

（1）投影面平行线在它所平行的投影面上的投影倾斜于投影轴，反映直线实长，该投影与投影轴的夹角等于中间直线与相应投影面的倾角。

（2）其他两个投影分别平行于相应的投影轴，且均小于实长。

**表 2-1　投影面平行线的投影特点**

| 名称 | 水　平　线 | 正　平　线 | 侧　平　线 |
|---|---|---|---|
| 直观图 | | | |
| 投影图 | | | |
| 投影特点 | 1. 在 H 面上的投影反映实长，即：<br><br>$cd = CD$<br><br>$cd$ 与 $OX$ 轴夹角等于 $\beta$<br><br>$cd$ 与 $OY_H$ 轴夹角等于 $\gamma$<br><br>2. 在 V 面和 W 面上的投影分别平行于投影轴，但不反映实长，即：<br><br>$c'd' /\!/ OX$ 轴<br><br>$c''d'' /\!/ OY_W$ 轴<br><br>$c'd' < CD$；$c''d'' < CD$ | 1. 在 V 面上的投影反映实长，即：<br><br>$c'd' = CD$<br><br>$c'd'$ 与 $OX$ 轴夹角等于 $\alpha$<br><br>$c'd'$ 与 $OZ$ 轴夹角等于 $\gamma$<br><br>2. 在 H 面和 W 面上的投影分别平行于投影轴，但不反映实长，即：<br><br>$cd /\!/ OX$ 轴<br><br>$c''d'' /\!/ OZ$ 轴<br><br>$cd < CD$；$c''d'' < CD$ | 1. 在 W 面上的投影反映实长，即：<br><br>$c''d'' = CD$<br><br>$c''d''$ 与 $OY_W$ 轴夹角等于 $\alpha$<br><br>$c''d''$ 与 $OZ$ 轴夹角等于 $\beta$<br><br>2. 在 H 面和 V 面上的投影分别平行于投影轴，但不反映实长，即：<br><br>$cd /\!/ OY_H$ 轴<br><br>$c'd' /\!/ OZ$ 轴<br><br>$cd < CD$；$c'd' < CD$ |

### 2. 投影面垂直线

　　垂直于一个投影面（必与另两个投影面平行）的直线称为投影面垂直线。其中与水平投影面垂直的直线称为铅垂线；与正立投影面垂直的直线称为正垂线；与侧立投影面垂直的直线称为侧垂线。表 2-2 列出了这 3 种直线的直观图、投影图和投影特点。

　　投影面垂直线的投影特性归纳如下：

　　（1）投影面垂直线在它所垂直的投影面上的投影积聚为一点（积聚性）。

　　（2）空间直线在另两个投影面上的投影垂直于相应的投影轴，并且反映直线的实长（显实性）。

表 2-2　投影面垂直线的投影特点

| 名称 | 铅垂线 | 正垂线 | 侧垂线 |
|---|---|---|---|
| 直观图 | | | |
| 投影图 | | | |
| 投影特点 | 1. 在 H 面上的投影 $e$、$f$ 重为一点，即该投影具有积聚性<br><br>2. 在 V 面和 W 面上的投影反映实长，即：$e'f' = e''f'' = EF$<br><br>$e'f' \perp OX$ 轴<br><br>$e''f'' \perp OY_W$ 轴 | 1. 在 V 面上的投影 $e'$、$f'$ 重为一点，即该投影具有积聚性<br><br>2. 在 H 面和 W 面上的投影反映实长，即：$ef = e''f'' = EF$<br><br>$ef \perp OX$ 轴<br><br>$e''f'' \perp OZ$ 轴 | 1. 在 W 面上的投影 $e''$、$f''$ 重为一点，即该投影具有积聚性<br><br>2. 在 H 面和 V 面上的投影反映实长，即：$ef = e'f' = EF$<br><br>$ef \perp OY_W$ 轴<br><br>$e'f' \perp OZ$ 轴 |

## 2.4.2　一般位置直线及其投影特性

与 3 个投影面都倾斜的直线称为一般位置直线，如图 2-20 所示。一般位置直线 $AB$ 与 3 个投影面 H、V、W 都倾斜，依据三面投影关系不难发现，由于 $AB$ 直线对 3 个投影面都倾斜，所以 $AB$ 直线的 3 个投影长度都短于实长，其投影与相关轴间的夹角也不能直接反映 $AB$ 直线对该投影面的倾角，即 $\alpha \neq \alpha'$。

由此可知，一般位置直线的投影特性是：

（1）3 个投影都倾斜于投影轴，3 个投影长度均小于实长。

（2）3 个投影与各投影轴的夹角不反映直线对投影面真实倾角。

## 2.4.3　直线上的点

位于直线上的点，它的投影必然在该直线的同面投影上。根据这一特性，可求作直线上点的投影和判断点与直线的相对位置。如果直线上的一个点把直线分为一定比例的两段，则点的投影也分直线同面投影为相同比例的两段，如图 2-21 所示。

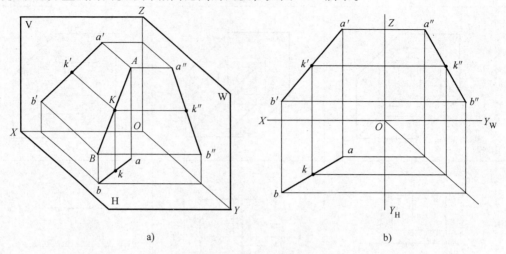

a)

b)

图 2-21　直线上点的投影

a）直观图　b）投影图

【**例 2-5**】　如图 2-22a 所示，试判断 K 点是否在侧平线 MN 上？

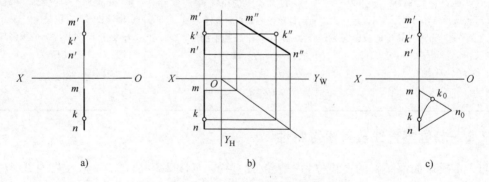

a)

b)

c)

图 2-22　判断 K 点是否在侧平线 MN 上

a）已知条件　b）方法一　c）方法二

分析：方法一，根据点在线上，点的投影必在线的同面投影上的特性判断；方法二，根据点分割线段成定比的特性进行判断。

方法一的判断过程如图 2-22b 所示。

作图：①加 W 面，即过 O 作投影轴 $OY_H$、$OY_W$、$OZ$。

②由 $m'n'$、$mn$ 和 $k'$、$k$ 作出 $m''n''$ 和 $k''$。

③由于 $k''$ 不在 $m''n''$ 上，所以 k 点不在 MN 上。

方法二的判断过程如图 2-22c 所示。

作图：①过 $m$ 任作一直线，在其上取 $mk_0 = m'k'$，$k_0n_0 = k'n'$。

②分别将 $k$ 和 $k_0$，$n$ 和 $n_0$ 连成直线。

③由于 $kk_0$ 不平行于 $nn_0$，于是 $m'k':k'n' \neq mk:kn$，从而就可判断出 $k$ 点不在 $MN$ 上。

## 2.4.4　两直线的相对位置

空间两直线的相对位置有 3 种情况：平行、相交或交叉。平行和相交的两直线均属于同一平面（共面）的直线，而交叉的两直线则不属于同一平面（异面）直线。表 2-3 列出了它们的投影图及投影特性。

表 2-3　空间两直线的投影图及投影特性

| | 两直线平行 | 两直线相交 | 两直线交叉 |
|---|---|---|---|
| 直观图 | | | |
| 投影图 | | | |
| 投影特性 | 若空间两直线平行,则它们的同面投影也互相平行 | 若两直线相交,则它们的同面投影也必相交,且交点的投影符合点的投影规律 | 两直线既不平行,又不相交时,称为交叉直线(或异面直线);两直线交叉,若它们的 3 组同面投影都相交,而交点不可能符合点的投影规律 |

**【例 2-6】**　如图 2-23a 所示，已知直线 $AB$ 和点 $C$ 的投影，求作过点 $C$ 与直线 $AB$ 平行的直线 $CD$ 的投影。

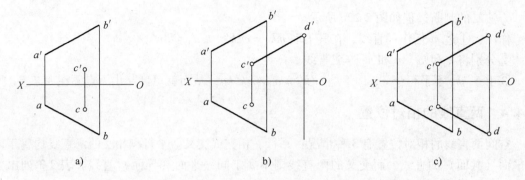

图 2-23　求作过点 C 与 AB 平行的直线 CD 的投影

分析：根据两平行直线的投影特性，如直线 CD∥AB，则 cd∥ab，c'd'∥a'b'，c"d"∥a"b"。

作图：①过 c' 作 a'b' 的平行线 c'd'，并自 d' 向下引垂线，如图 2-23b 所示。

②过 c 作 ab 的平行线，与过 d' 的垂线相交于 d 得 cd，cd 与 c'd' 即为所求，如图 2-23c 所示。

【例 2-7】　如图 2-24a 所示，已知平面四边形 ABCD 的 V 投影及不完整的 H 投影 abc，补全平面的 H 投影。

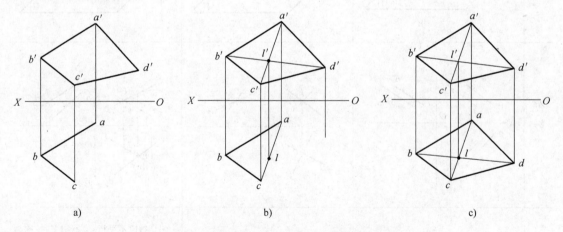

图 2-24　补全四边形的投影

分析：平面四边形 ABCD 的对角线 AC、BD 必定是共面且相交的。a'c'、b'd'、ac 及 b 已知，利用两直线的交点的投影特性不难求出 D 点的 H 投影 d。

作图：①连 a'c'、b'd'（交点为 l'）及 ac，如图 2-24b 所示。

②过 l' 作 OX 轴的垂线，交 ac 于一点 l，连 bl 并延长，过 d' 作 OX 轴垂线，交 bl 延长线于一点 d。

③连 ad、cd，abcd 即为所求，如图 2-24c 所示。

此题还有其他解法，请自行分析。

# 2.5 平面的投影

## 2.5.1 平面的表示法

从平面几何中可知，平面可由以下几何要素来确定：

（1）不在同一条直线上的三点确定一个平面，如图 2-25a 所示。

（2）一条直线与直线外一点确定一个平面，如图 2-25b 所示。

（3）相交两直线确定一个平面，如图 2-25c 所示。

（4）平行两直线确定一个平面，如图 2-25d 所示。

（5）任意平面图形如三角形、四边形、圆形等确定一个平面，如图 2-25e 所示。

以上 5 种表示方法可相互转化。通常用三角形、平行四边形、两相交直线、两平行直线表示平面。

根据空间平面与投影面的相对位置，平面可分为特殊位置平面和一般位置平面。

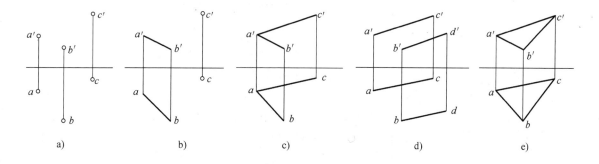

图 2-25 平面的几何元素表示法

a）不在同一直线上的三个点 b）一直线和线外一点 c）两相交直线

d）两平行直线 e）平面图形

## 2.5.2 特殊位置平面

特殊位置平面包括投影面垂直面和投影面平行面两种。

### 1. 投影面垂直面

垂直于一个投影面而倾斜于另外两个投影面的平面称为投影面的垂直面。与水平投影面垂直的平面称为铅垂面；与正立投影面垂直的平面称为正垂面；与侧立投影面垂直的平面称为侧垂面。表 2-4 列出了它们的直观图、投影图和投影特点。

表 2-4　投影面垂直面的投影图及投影特性

| 名称 | 直 观 图 | 投 影 图 | 投 影 特 点 |
|---|---|---|---|
| 铅垂面 | | | ①在 H 面上的投影积聚为一条与投影轴倾斜的直线<br>②β、γ 反映平面与 V、W 面的倾角<br>③在 V、W 面上的投影为不反映实形的类似形 |
| 正垂面 | | | ①在 V 面上的投影积聚为一条与投影轴倾斜的直线<br>②α、γ 反映平面与 H、W 面的倾角<br>③在 H、W 面上的投影为不反映实形的类似形 |
| 侧垂面 | | | ①在 W 面上的投影积聚为一条与投影轴倾斜的直线<br>②α、β 反映平面与 H、V 面的倾角<br>③在 V、H 面上的投影为不反映实形的类似形 |

投影面垂直面的投影特性归纳如下：

（1）投影面垂直面在其所垂直的投影面上的投影积聚为一斜直线，该投影与投影轴的夹角分别反映平面与另两个投影面的真实倾角。

（2）该平面的另两个投影均为缩小的类似形。

**2. 投影面的平行面**

平行于一个投影面而垂直于另外两个投影面的平面称为投影面的平行面。与水平投影面平行的平面称为水平面；与正立投影面平行的平面称为正平面；与侧立投影面平行的平面称为侧平面。表 2-5 列出了它们的直观图、投影图和投影特点。

投影面平行面的投影特性归纳如下：

（1）投影面平行面在它所平行的投影面上的投影反映该平面的实形。

（2）该平面的另两个投影都积聚为一条直线，且分别平行于相应投影轴。

**表 2-5 投影面平行面的投影图及投影特性**

| 名称 | 直 观 图 | 投 影 图 | 投 影 特 点 |
|------|---------|---------|------------|
| 水平面 | | | ①在 H 面上的投影反映其实形<br>②在 V 面、W 面上的投影积聚为一直线，且分别平行于 $OX$ 轴和 $OY_W$ 轴 |
| 正平面 | | | ①在 V 面上的投影反映其实形<br>②在 H 面、W 面上的投影积聚为一直线，且分别平行于 $OX$ 轴和 $OZ$ 轴 |
| 侧平面 | | | ①在 W 面上的投影反映其实形<br>②在 V 面、H 面上的投影积聚为一直线，且分别平行于 $OZ$ 轴和 $OY_H$ 轴 |

## 2.5.3 一般位置平面

在三面投影体系中，与 3 个投影面都倾斜的平面称为一般位置平面。如图 2-26 所示，△ABC 与投影面 H、V、W 都倾斜，故为一般位置平面，其倾斜角度分别用 $\alpha$、$\beta$、$\gamma$ 来表示。一般位置平面的投影特性是：

一般位置平面的三面投影均为缩小的类似形。

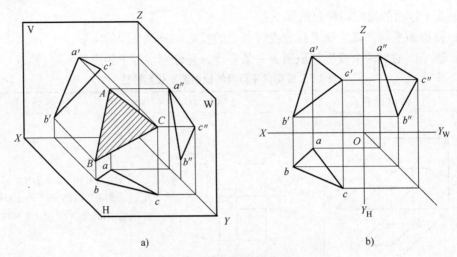

图 2-26　一般位置平面的投影

a）透视图　b）投影图

### 2.5.4　平面上的直线和点

若一条直线通过平面上的两个点，或通过平面上的一个点又与该平面上的另一条直线平行，则此直线一定在该平面上。若一个点在某一平面内的直线上，则该点必定在该平面上。

若欲在平面上取直线，可通过该平面内的两点，过两点连一条直线，如图 2-27a 所示；或通过该平面上的一点作直线平行于该平面内的任一直线，如图 2-27b 所示。

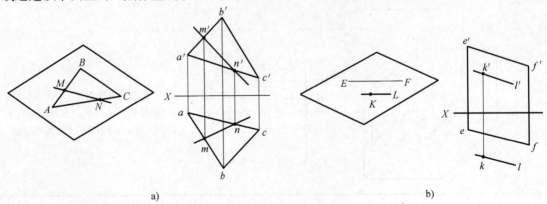

图 2-27　平面上的直线

a）一条直线通过平面上两点　b）一条直线通过平面上一点又与平面上某直线平行

若欲在平面上取点，须先在该平面内作直线，然后在直线上取点，如图 2-28a 所示。投影图中辅助线的作法及线上作点，如图 2-28b、c 所示。

【例 2-8】　已知△SBC 的两面投影且 BS // V 面，BC // H 面，如图 2-29a 所示。求平面上直线段 EF 及点 D 的 H 面投影。

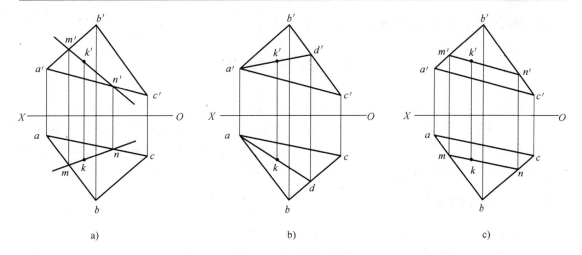

图 2-28  在平面上求点

a）平面内直线上取点 k  b）在平面内作辅助线 AD  c）在辅助线上求点 k

分析：已知 D、EF 在平面上，可利用点、直线在平面上的几何条件来解题。

作图：①延长 e'f' 分别与 s'b' 和 s'c' 交于 1'、2'。

②在 H 面上的 sb、sc 上求出 1、2 并连成线段 12，ef 必在 12 线上，作出 ef 如图 2-29b 所示。

③连 e'd' 并延长，交 s'c' 于 3'。在 H 面上的 sc 上求 3，连 e3 线，d 必在 e3 线上，即可求出 d 如图 2-29c 所示。

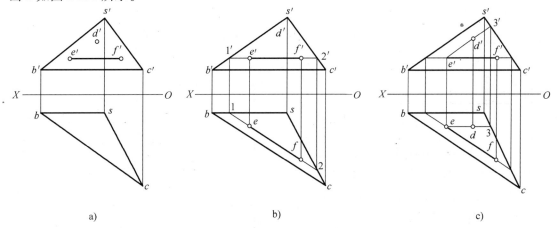

图 2-29  补全平面上点、线的投影

a）已知平面上的直线 EF 及点 D 的正面投影  b）求直线 EF 的水平投影  c）求点 D 的水平投影

要在平面上确定一点，只需让它在平面内一已知（或可作出的）直线上即可。而过一点可在平面上作无数条直线，所以作图时，辅助线的选择很多，通常都作平行于已知边或过已知点的辅助线，以使作图简便。

# 2.6 体的投影

任何建筑形体不论其结构形状多么复杂，一般都可以看作是由一些棱柱、棱锥、圆柱、圆锥和圆球等基本几何形体（简称基本体）经叠加、切割、相交而形成。表面由平面围成的形体称为平面立体（简称平面体），如棱柱、棱锥等；表面由曲面或曲面与平面围成的形体称为曲面立体（简称曲面体），如圆柱、圆锥和圆球等。

## 2.6.1 平面体的投影

平面体是由若干个平面围成的立体。常见的平面体有棱柱体（主要是直棱柱）和棱锥体（包括棱台）。在作平面立体的投影时，应分析围成该形体的各个表面或其表面与表面相交棱线的投影，并注意投影中的可见性和重影问题。

### 1. 棱柱体的投影

现以正三棱柱为例来进行棱柱体的投影的分析。图 2-30 所示为横放的正三棱柱的立体图和投影图。两底面是侧平面，W 面投影反映实形。H、V 面投影积聚成平行于相应投影轴的直线。棱面 ADFC 是水平面，H 面投影反映实形，V，W 面投影积聚成平行于相应投影轴的直线，另两个棱面 ADEB 和 BEFC 是侧垂面，W 面积聚成倾斜的直线，V、H 面投影都是缩小的类似形。将其两底面及 3 个棱面的投影画出后即得到横放的三棱柱体的三面投影见图 2-30b。

由以上分析，可知棱柱的投影特征是：在与底面平行的投影面上反映底面的实形，即三角形、四边形、…，$n$ 边形；在另两个投影面上的投影为 1 个或 $n$ 个矩形。

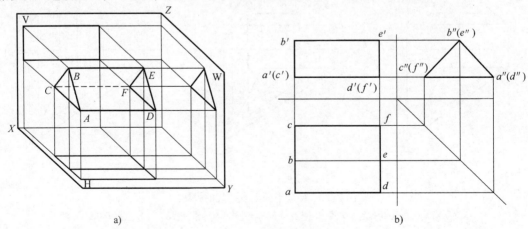

a)                                    b)

图 2-30　正三棱柱的投影

a) 正三棱柱向三投影面投影立体图　b) 投影图

图 2-31a 为正六棱柱的立体图，按照三棱柱的投影分析方法，不难得出六棱柱的投影如图 2-31b 所示。

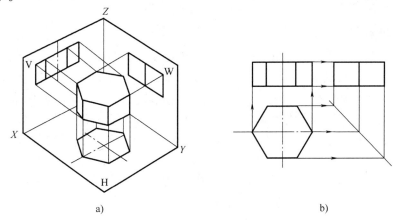

a)
b)

图 2-31 正六棱柱的立体图和投影图
a) 透视图 b) 投影图

**2. 棱锥体的投影**

现以正三棱锥为例来进行棱锥体的投影的分析。图 2-32 为一正三棱锥的立体图和投影图。其底面△ABC 平行于水平面，水平投影反映其实形，正面投影和侧面投影积聚成平行相应投影轴的直线。棱面 SAC 是侧垂面，其 W 面投影积聚成倾斜直线，另两面投影为缩小的类似形。另外两个棱面 SAB 和 SBC 是一般位置的平面，三面投影均为缩小的类似形。将其底面及 3 个棱面的投影面画出后，即得出正棱锥的三面投影如图 2-32b 所示。

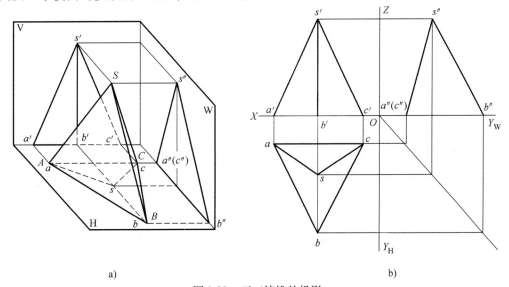

a)
b)

图 2-32 正三棱锥的投影
a) 向三投影面投影 b) 投影图

由此可知正棱锥体的投影特征是：当底面平行于某一投影面时，在该面上的投影为实形正多边形及其内部的 $n$ 个共顶点的等腰三角形，在另两个投影面上的投影为 1 个或 $n$ 个三角形。

**3. 棱台的投影**

棱锥的顶部被平行于底面的平面截切后即形成棱台。图 2-33 为四棱台的立体图及投影图。该四棱台上、下底面为水平面，因而 H 投影反映其实形（两个大小不等但相似的矩形），V 面与 W 面投影积聚为上、下两条水平直线段；左右棱面为正垂面，V 面投影积聚为倾斜的直线，H、W 面投影为缩小的类似形；前后棱面为侧垂面，W 面投影积聚为倾斜的直线，V、H 面投影为缩小的类似形。各棱线投影均为倾斜的直线段，其延长线交汇于一点。

当表达空间形状时，为了使作图简便，可将投影轴省略不画，但三投影之间必须保持"长对正，高平齐，宽相等"的投影关系。

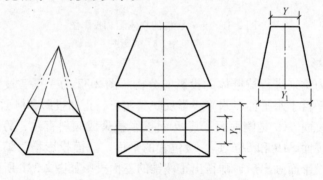

图 2-33　四棱台的投影

## 2.6.2　曲面体的投影

工程上常用的曲面立体有圆柱、圆锥、圆球等。

**1. 圆柱的投影**

圆柱由圆柱面和垂直其轴线的上、下底面所围成。圆柱面可以看作是直母线绕与它平行的轴线旋转而成。如图 2-34 所示，圆柱的轴线是一条铅垂线，则圆柱面上所示直素线都是铅垂线。因此，圆柱面的水平投影为一圆周，有积聚性。这个圆周上的任意一点，是圆柱面上的相应位置素线的水平投影。

圆柱正面投影中，左、右两轮廓线是圆柱面上最左、最右素线的投影。它们把圆柱面分为前后两半，前半可见，后半不可见，是可见和不可见的分界线。最左、最右两素线的侧面投影和轴线的侧面投影重合，水平投影在横向中心线与圆周相交的位置。上、下底面的正面投影为两条积聚的水平线段。

圆柱侧面投影两侧轮廓线是圆柱面上最前和最后素线的投影，是圆柱面侧面投影可见性的分界线，圆柱面左半可见，而右半不可见。最前、最后素线的正面投影与圆柱轴线的投影重合，水平投影在竖向中心线和圆周相交的位置。上、下底面的侧面投影是两条积聚的水平线段。

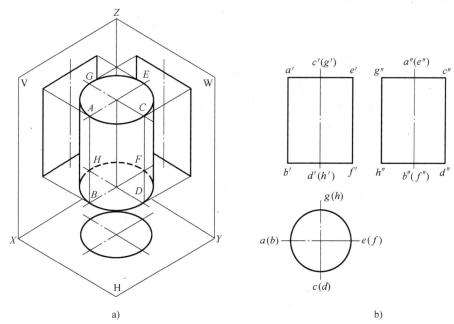

图 2-34  圆柱和圆柱面上点的投影

a）圆柱体轴测图  b）三面投影图

**2. 圆锥的投影**

圆锥由圆锥面、底面所围成。圆锥面可以看作是直母线绕与它相交的轴线旋转而成。如图 2-35 所示，当圆锥的轴线是铅垂线时，底面的正面投影、侧面投影分别积聚成直线，水平投影反映它的实形——圆。轴线的正面投影和侧面投影用点画线画出。在水平投影中，点画线画出的对称中心线的交点，既是轴线的水平投影，也是锥顶 $S$ 的水平投影 $s$。锥面的正面投影的轮廓线 $s'a'$、$s'b'$ 是锥面上最左、最右素线的投影，是圆锥表面正面投影可见不可见的分界线。它们是正平线，表达了锥面素线的实长。它们的水平投影和圆的横向中心线重合，侧面投影和圆锥轴线的侧面投影重合。侧面投影的轮廓线 $s''c''$、$s''d''$ 是锥面上最前、最后素线的投影，是圆锥表面侧面投影可见不可见的分界线。这两条素线是侧平线，它们的水平投影和圆的竖向中心线重合，正面投影与圆锥轴线的正面投影重合。

**3. 圆球的投影**

圆球是由圆球面围成的。圆球面可看作是曲母线圆绕其作为轴线的直径旋转 180° 而成。圆球的 3 个投影都是直径相等的圆。图 2-36 所示，正面投影是平行于 V 面的圆素线（前后半球面的分界线）的投影，该素线的水平投影和圆球的水平投影的横向中心线重合，侧面投影和圆球的侧面投影的竖向中心线重合。圆球的水平投影的轮廓线是平行于 H 面的圆素线（上下半球面的分界线）的投影。圆球的侧面投影的轮廓线是平行于 W 面的圆素线（左右半球面的分界线）的投影。

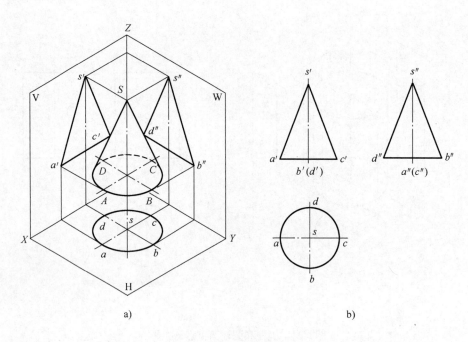

a)　　　　　　　　　　　　　b)

图 2-35　圆锥的投影

a）圆锥体轴测图　b）三面投影图

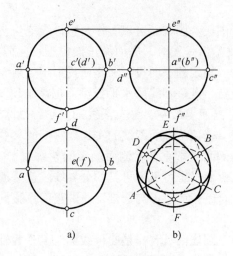

a)　　　　　　　b)

图 2-36　球的投影

a）球的投影　b）立体图

## 小 结

1. 任何物体不管其复杂程度如何，都可以看成是由空间几何元素点、线、面所组成。本章主要研究了点的投影规律，各种位置直线、各种位置平面、简单的平面体和曲面体的投影特性和作图方法，为今后正确绘制和识读物体的投影图打下基础。

2. 主要介绍了投影的形成和分类，三面投影体系的形成和投影特性。通过学习建立三面投影的概念，充分理解三等关系："长对正""高平齐""宽相等"。

## 绘 图 题

1. 根据直观图 2-37，作点 $A$、$B$、$C$ 的三面投影。

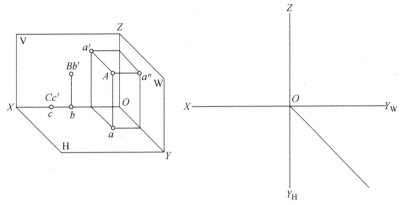

图 2-37 题 1 图

2. 如图 2-38 所示，求各点的第三面投影。

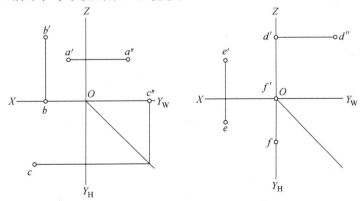

图 2-38 题 2 图

3. 如图 2-39 所示，比较两点的相对位置并填空。

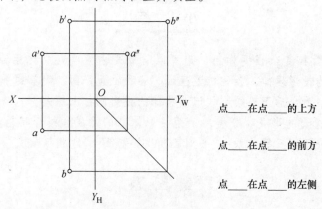

点____在点____的上方

点____在点____的前方

点____在点____的左侧

图 2-39　题 3 图

4. 如图 2-40 所示，点 B 在点 A 左方 10mm，前方 12mm，上方 8mm；点 C 在点 A 正左方 15mm，求点 B、C 的三面投影。

5. 根据图 2-41 的立体图和已画出的两个视图，画出第三个视图。

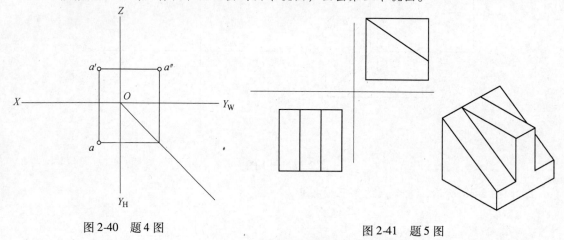

图 2-40　题 4 图

图 2-41　题 5 图

**实 训 题**

试用图示法表达三面正投影的方位关系。

# 第 **3** 章

# 建筑施工图识读

建筑工程的施工图，包括土建部分和建筑设备两大部分。其中土建部分指建筑和结构两个专业的施工图。设备部分则包含给排水、采暖通风与空调、电气等几个专业的施工图。

建筑专业是其他专业的前提，建筑施工图是掌握其他专业施工图的基础。

物业管理专业及楼宇智能化工程技术、建筑环境与能源应用工程、制冷与空调技术等相关专业学习建筑识图的主要目的，就是要学会如何阅读建筑施工图，在此基础上了解并领会一些常用的建筑构造做法及构造原理，促进本专业课程的理解与学习。因此，学习识读建筑施工图是很重要的，是本专业工作得以顺利进行的基本保证。

## 3.1 建筑施工图

### 3.1.1 建筑施工图的内容

一套完整的建筑施工图，包括图纸目录、设计说明、门窗表、采用标准图集目录、总平面图、各层平面图、立面图、剖面图、大样详图等内容。

图纸目录是指整套图纸的总目录。其他专业有各自的图纸目录，当图纸内容较少时，也可以只编写建筑施工图部分的目录。

建筑设计说明就是以文字及表格的形式对本工程基本情况进行介绍，一般包括建筑特点、设计依据、平面形式、位置、层数、建筑面积、结构类型、构造做法（包括内外装修、屋面、楼梯、散水、踏步、门窗、油漆等）以及施工要求等内容。设计说明的内容，多为无法用图样表达，或更适合用文字表达的内容，它对了解本工程的基本情况非常有用。阅读建筑施工图时首先要阅读建筑设计说明。

门窗表是对本工程项目所有门窗的统计表。门窗表的统计主要用于土建施工预决算的编制。

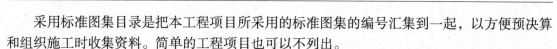

采用标准图集目录是把本工程项目所采用的标准图集的编号汇集到一起，以方便预决算和组织施工时收集资料。简单的工程项目也可以不列出。

建筑总平面图是表示本工程在整个基地中所处位置及周围环境的平面布置图样。总平面图主要包括本工程与周围建筑物的间距和相互关系、指北针（或风玫瑰）、建筑朝向、绿化、道路与广场等内容。总平面图是按照一定的图例，用不同的线型从上往下所作的正投影图。当工程项目较大时，总图也可以由总图专业人员专门绘制，而每个子项单体工程的建筑施工图不再重复绘制总平面图。

建筑平面图指用假想水平剖切平面在略高于窗台的位置剖切，移去上面部分，所得的水平剖面图。有底层（首层）、二层、三层……顶层平面图。中间各层如果都相同的话，可以用一个平面图代替，称为标准层平面图。被剖切部分（如墙体、柱子等）的轮廓线用粗实线表示，没有剖切到的可见部分（如室外的散水、台阶、花台、雨篷等）用细实线绘出，被遮盖构件用虚线表示。平面图反映房屋的平面形状、房间大小及相互关系、墙体厚度、门窗形式和位置等情况。因此，平面图是建筑施工图中最基本的图样之一。对各专业来讲，也是最为重要的建筑施工图内容。

建筑立面图是在与房屋立面平行的投影面上所作的正投影图。立面图可根据建筑朝向命名为东、南、西、北立面图，可按正背向命名为正、背、左侧、右侧立面图，也可以按建筑物两端的定位轴线编号来命名。立面图主要反映了建筑物的外形轮廓，室外构配件的形状及相互关系，外部装修的材料、颜色及构造做法，门窗洞口、檐口及其他部位的标高等内容。

建筑剖面图是指用一假想垂直于楼板层的剖切平面剖切建筑物，所得到的正投影图。剖面图主要用以表示房屋的内部结构、分层情况、楼层等部位的标高以及各构配件的竖向关系等内容。比例较大时剖面图表达的内容也较详细，并可用多层构造引出线的方法标注楼地面和屋面的构造做法。

建筑大样详图是指建筑细部做法的节点大样图。由于平面图、立面图、剖面图的比例过小，显示不出来细部的真实构造做法，只能通过大样详图来完成。

对于物业管理专业及楼宇智能化工程技术、建筑环境与能源应用工程、制冷与空调技术等各相关专业来讲，掌握建筑平、立、剖面图的识读方法，并具有熟练阅读的能力，就能基本满足自己工作的需要，当必须知道建筑的细部构造以及尺寸关系时，则需要阅读大样详图部分的内容。

### 3.1.2　建筑施工图的阅读顺序

为便于阅读，施工图的排列是有一定顺序的。阅读图纸时若按照这个顺序进行，并前后对照，相互印证，就会事半功倍。

一个工程项目的施工图纸一般包括建筑施工图、结构施工图、供热通风与空调施工图、给排水施工图、电气施工图等内容。建筑施工图排在最前，其次是结构施工图，然后是设备各专业的施工图。

建筑施工图（简称建施）包括很多图样，也是按一定的次序排列的。一般依次为封面、首页、总平面图、平面图、立面图、剖面图和大样详图。有时也会见缝插针，在中间的某张图纸中加画一些节点详图。为方便看图，一般尽量将相关的节点详图放在所索引的那张图中。这个安排比较符合人们看图纸的顺序。

　　首页中一般有图纸目录、建筑设计说明、门窗表、采用建筑标准图集目录及其编号等内容。若总平面图不太复杂时也可以放于首页。

　　建筑施工图在图纸的标题栏中。图别一项应注明"建施"，图号一项应按图纸的排列次序进行编号。其他专业的施工图也是如此。

# 3.2　总平面图的识读

　　建筑总平面图是表示本工程在整个基地中所处位置及周围环境的平面布置图样。

　　拟建工程在基地中处于什么位置，基地的地形地貌，建筑的朝向，拟建建筑物的层数、标高情况，周围环境等，在总平面图中都有所反映。

　　总平面图中使用的图例，一般应符合《总图制图标准》（GB/T 50103—2010）的规定，见表3-1。

表 3-1　总平面图例

| 序号 | 名　称 | 图　例 | 备　注 |
|---|---|---|---|
| 1 | 新建建筑物 | $X=$　$Y=$<br>① 12$F$/2$D$<br>$H=59.00\text{m}$ | 　新建建筑物以粗实线表示与室外地坪相接处 ±0.00 外墙定位轮廓线<br>　建筑物一般以 ±0.00 高度处的外墙定位轴线交叉点坐标定位；轴线用细实线表示，并标明轴线号<br>　根据不同设计阶段标注建筑编号，地上、地下层数，建筑高度，建筑出入口位置（两种表示方法均可，但同一图纸采用一种表示方法）<br>　地下建筑物以粗虚线表示其轮廓<br>　建筑上部（ ±0.00 以上）外挑建筑用细实线表示<br>　建筑物上部连廊用细虚线表示并标注位置 |
| 2 | 原有建筑物 | | 用细实线表示 |

（续）

| 序号 | 名　称 | 图　例 | 备　注 |
|------|--------|--------|--------|
| 3 | 计划扩建的预留地或建筑物 | | 用中粗虚线表示 |
| 4 | 拆除的建筑物 | | 用细实线表示 |
| 5 | 建筑物下面的通道 | | — |
| 6 | 散状材料露天堆场 | | 需要时可注明材料名称 |
| 7 | 其他材料露天堆场或露天作业场 | | 需要时可注明材料名称 |
| 8 | 铺砌场地 | | — |
| 9 | 敞棚或敞廊 | | — |
| 10 | 高架式料仓 | | |
| 11 | 漏斗式贮仓 | | 左、右图为底卸式<br>中图为侧卸式 |
| 12 | 冷却塔（池） | | 应注明冷却塔或冷却池 |
| 13 | 水塔、贮罐 | | 左图为卧式贮罐<br>右图为水塔或立式贮罐 |
| 14 | 水池、坑槽 | | 也可以不涂黑 |

（续）

| 序号 | 名　称 | 图　例 | 备　注 |
|---|---|---|---|
| 15 | 明溜矿槽（井） | | — |
| 16 | 斜井或平硐 | | |
| 17 | 烟囱 | | 实线为烟囱下部直径，虚线为基础，必要时可注写烟囱高度和上、下口直径 |
| 18 | 围墙及大门 | | — |
| 19 | 挡土墙 | 5.00　1.50 | 挡土墙根据不同设计阶段的需要标注<br>墙顶标高<br>墙底标高 |
| 20 | 挡土墙上设围墙 | | — |
| 21 | 台阶及无障碍坡道 | 1.　2. | 1. 表示台阶（级数仅为示意）<br>2. 表示无障碍坡道 |
| 22 | 露天桥式起重机 | $G_n= (t)$ | 起重机起重量 $G_n$，以 t 计算<br>"＋"为柱子位置 |
| 23 | 露天电动葫芦 | $G_n= (t)$ | 起重机起重量 $G_n$，以 t 计算<br>"＋"为支架位置 |
| 24 | 门式起重机 | $G_n= (t)$<br>$G_n= (t)$ | 起重机起重量 $G_n$，以 t 计算<br>上图表示有外伸臂<br>下图表示无外伸臂 |
| 25 | 架空索道 | | "I"为支架位置 |

（续）

| 序号 | 名　称 | 图　　例 | 备　　注 |
|---|---|---|---|
| 26 | 斜坡卷扬机道 | | — |
| 27 | 斜坡栈桥（皮带廊等） | | 细实线表示支架中心线位置 |
| 28 | 坐标 | 1. $X=105.00$ $Y=425.00$ 2. $A=105.00$ $B=425.00$ | 1. 表示地形测量坐标系 2. 表示自设坐标系 坐标数字平行于建筑标注 |
| 29 | 方格网交叉点标高 | $-0.50$ ｜ 77.85 ——— 78.35 | "78.35"为原地面标高 "77.85"为设计标高 "$-0.50$"为施工高度 "$-$"表示挖方（"$+$"表示填方） |
| 30 | 填方区、挖方区、未整平区及零线 | + ／ $-$ + ／ $-$ | "$+$"表示填方区 "$-$"表示挖方区 中间为未整平区 点划线为零点线 |
| 31 | 填挖边坡 | | — |
| 32 | 分水脊线与谷线 | | 上图表示脊线 下图表示谷线 |
| 33 | 洪水淹没线 | – – – – – – – – – | 洪水最高水位以文字标注 |
| 34 | 地表排水方向 | | — |
| 35 | 截水沟 | 40.00 | "1"表示1%的沟底纵向坡度，"40.00"表示变坡点间距离，箭头表示水流方向 |
| 36 | 排水明沟 | 107.50 $+$ ——— $\dfrac{1}{40.00}$ 107.50 ——— $\dfrac{1}{40.00}$ | 上图用于比例较大的图面 下图用于比例较小的图面 "1"表示1%的沟底纵向坡度，"40.00"表示变坡点间距离，箭头表示水流方向 "107.50"表示沟底变坡点标高（变坡点以"$+$"表示） |

（续）

| 序号 | 名　称 | 图　例 | 备　注 |
|------|--------|--------|--------|
| 37 | 有盖板的排水沟 | $\frac{1}{40.00}$　　$\frac{1}{40.00}$ | — |
| 38 | 雨水口 | 1.　2.　3. | 1. 雨水口<br>2. 原有雨水口<br>3. 双落式雨水口 |
| 39 | 消火栓井 | | — |
| 40 | 急流槽 | | 箭头表示水流方向 |
| 41 | 跌水 | | |
| 42 | 拦水(闸)坝 | | — |
| 43 | 透水路堤 | | 边坡较长时,可在一端或两端局部表示 |
| 44 | 过水路面 | | — |
| 45 | 室内地坪标高 | 151.00<br>(±0.00) | 数字平行于建筑物书写 |
| 46 | 室外地坪标高 | 143.00 | 室外标高也可采用等高线 |
| 47 | 盲道 | | — |
| 48 | 地下车库入口 | | 机动车停车场 |
| 49 | 地面露天停车场 | | — |
| 50 | 露天机械停车场 | | 露天机械停车场 |

阅读总平面图时，主要注意以下几个方面：

**1. 查看比例、图例以及相关的文字说明**

总平面图常用的比例为1∶500或1∶1000，所绘区域特别大时也可以用1∶2000的比例。图中使用的图例如表3-1所示。文字说明部分也应认真阅读。

总平面图中所标注的尺寸，全部以米（m）为单位。

**2. 看明白工程名称和性质、地形地貌以及周围环境情况**

在总平面图中，有关拟建项目的工程名称、平面形状、层数、地形地貌、周围环境等都会反映出来，看图时要认真阅读。

**3. 仔细核对图中的标高**

总平面图中的标高为绝对标高，是以青岛市的平均黄海海平面作为零基准点。山区的地形、标高更为复杂，要认真读懂室外标高的变化情况以及室内标高与室外的关系。

标高也是以米（m）为单位，一般精确到小数点后三位。

**4. 弄清建筑物的朝向**

通过查看总图中的指北针或风玫瑰图，可以确定建筑物的朝向。朝向问题对采暖负荷的计算有很大影响，对于居住建筑尤为重要，相关专业必须弄清建筑的朝向。

**5. 弄清道路绿化等周围环境情况**

对于各专业来说，必须了解拟建建筑物的周围环境情况。比如，基地的给排水管网的走向、标高与来源，供热设施及其位置、供热方式、管网的敷设方式，供电设施的位置、布线方式、用电负荷情况，等等。

# 3.3 平面施工图的识读

平面图是建筑施工图中最基本的图样之一。物业管理专业、建筑环境与能源应用工程、楼宇智能化工程技术、制冷与空调技术等专业所需要的条件图，就是来自于建筑施工图的平面图。所以，学会阅读建筑平面施工图，从平面图中正确了解有关的建筑信息是很重要的。

与总平面图相类似，在平面、立面和剖面建筑施工图中，无法用实际形状来表达建筑门窗、楼梯、电梯等建筑的构配件，也要采用一些建筑图例来表示，见图3-1。

现以一个学生宿舍楼的建筑平面图（图3-2）说明其识读方法。

阅读建筑平面施工图时，要注意以下几个方面：

**1. 查明标题，了解概况**

在阅读建筑施工图之前，首先应大致浏览一遍图纸，从而了解工程概况、结构类型、平面形状、楼梯、电梯、出入口、房间布局、建筑高度与层数等情况。通过底层平面图的指北针或风玫瑰了解建筑的朝向。尽量把建筑设计说明阅读一遍，以掌握图样中未显示的信息。这样，会使你对整套图纸有一个总的印象，对正式阅读整套建筑施工图是大有益处的。

接下来就可以按照图纸的排列顺序，从平面图开始，仔细阅读整套建筑施工图。

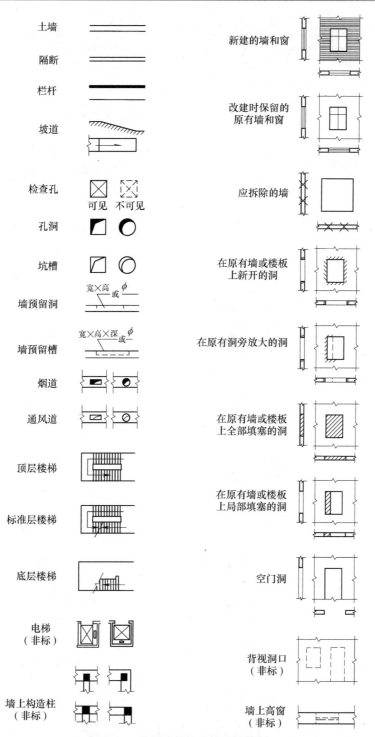

图 3-1 常用建筑构造及配件图例

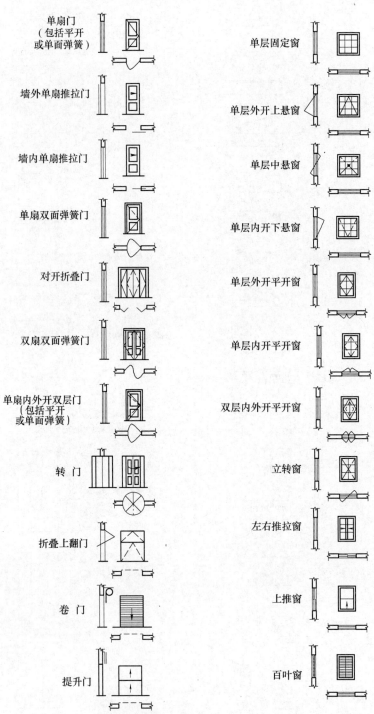

图 3-1　常用建筑构造及配件图例（续）

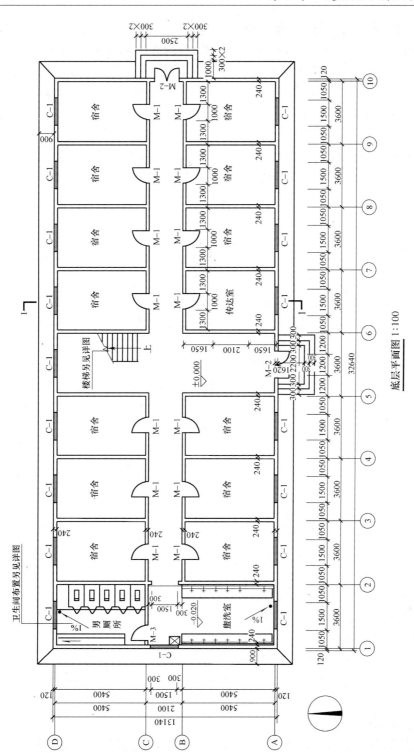

底层平面图 1:100

图 3-2　学生宿舍楼建筑平面施工图

**2. 查看图名及比例，分清是哪一层平面图**

在平面图的下方有该平面图的图名和比例，图纸的标题栏也会显示本张图纸的所有图样。建筑平面施工图常采用1:100的比例，有时也用1:150或1:200的比例，平面图的排列次序，一般是底层平面图在前，依次为二层、三层……顶层平面图，最后是屋顶平面图。中间楼层如果一样的话可以用一个代替，叫做标准层平面图。

阅读平面施工图时，通过楼梯的平面形式也可以看出该平面图是底层、中间层还是顶层平面图。楼梯的上下行箭头都是以本楼层的地坪标高为基准面的，梯跑向上的用箭头示意并在箭尾处注写"上"；梯跑向下的用箭头示意并在箭尾处注写"下"。由于每层的平面图都是在略高于窗台处水平剖切的，所以往上去的楼梯段被剖断，建筑施工图中用折断线来表示。因此，楼梯在平面施工图中的表示方法为：

（1）底层楼梯平面只有被折断的向上去的梯段，和箭尾处标有"上"的上行箭头。

（2）中间层楼梯平面既有被折断的向上去的梯段部分，又有向下去的未被折断的梯段，因此既有上行箭头，又有下行箭头，并分别在其箭尾处标注有"上"和"下"。

（3）顶层楼梯平面只有向下去的梯段和箭尾处标有"下"的下行箭头。

楼梯出屋面的建筑物，顶层楼梯和中间层楼梯是没有区别的。同样道理，带有地下室的建筑物，底层楼梯和中间层楼梯也没有区别。

各层楼梯的平面图图例见图3-1。

除图名以及楼梯部分的区别外，在底层平面图中还表示出了台阶、散水、坡道等室外设施，二层以上各层平面图则不需要显示这些。建筑物出入口的雨篷一般在二层平面图中显示，以上各层也不需要显示。同样道理，有屋顶平台时也仅在最接近的上一层平面图中显示，以上的各层平面图都不再显示。也就是说，绘制平面施工图时，仅表示紧邻的下一楼层平面的可见部分，不再显示下面其他楼层平面的可见部分。

从图3-2可以看出，该平面图为底层平面图，所用比例为1:100。

**3. 了解定位轴线的编号及其间距**

定位轴线是确定建筑物结构或构件的位置及其标志尺寸的基线，是施工放线的依据。不仅建筑构配件的位置和尺寸需要定位轴线来定位，在建筑环境与能源应用工程、楼宇智能化工程技术、制冷与空调技术、供热通风与空调专业以及其他设备专业的施工图中，设备的布置、预留洞的设置、管道的敷设也要靠定位轴线来定位。因此要仔细查清各定位轴线的编号情况及开间、进深尺寸。

从图3-2可以看出，该宿舍楼共有10条横向定位轴线，4条纵向定位轴线；房间的进深为5400mm，走道宽2100mm，9个均为3600mm的开间；建筑物的主入口位于南侧的正中开间，正对主入口有一部楼梯，东山墙处还设有一个疏散出口，卫生间及盥洗室设在建筑物的西侧山墙处。

**4. 查看建筑物各部分尺寸**

建筑平面施工图中标注尺寸是它的一个主要内容。外墙的门窗等外部尺寸标注在平面外围，内部的门窗、建筑设施等内部尺寸标注于平面内。阅读时要认真查看每一个尺寸。

建筑平面施工图中的尺寸单位都是毫米（mm），只有楼层标高以米（m）为单位。

建筑施工图外部尺寸主要标注外墙上的门窗的洞口宽度和位置，一般应标注三道尺寸，三道尺寸线的间距为 8～10mm。这三道尺寸线分别为：

（1）第一道尺寸：指最里面（离建筑物最近）的尺寸线，标注外墙上门窗洞口宽度和窗间墙尺寸以及细部构造尺寸。

（2）第二道尺寸：定位轴线间的距离，即房屋的开间（柱距）与进深（跨度）尺寸。

（3）第三道尺寸：也叫外包尺寸。房屋外轮廓的总尺寸，即从一端到另一端的外墙总长度或总宽度。严格来讲应指从一侧外墙外边缘到另一侧外墙外边缘，有时也简化为最外侧两条定位轴线的距离。

建筑的内部尺寸应注明内墙上的门窗洞口宽度和位置、墙体厚度、设备的大小和位置等。

从图 3-2 可以看出，该建筑物的总长为 32640mm，总宽为 13140mm；每个开间外墙有居中布置的 1500mm 宽 C—1 窗一樘，内墙有居中布置的 1000mm 宽的 M—1 门一樘，出入口为居中布置的 M—2 建筑外门各一樘。

**5. 查阅建筑平面图中各部分的楼地面标高**

建筑平面施工图中应标注建筑标高。

各层楼地面及阳台、卫生间不同标高处都应标注标高。错层、跃层或其他楼地面有较大高差时，一般都设有踏步或坡道联系；卫生间、厨房、阳台等处与同层楼地面高差较小处，不用设置踏步，但高差处应用细实线加以显示。

标高一般精确到小数点后三位，底层室内主要房间地坪标高一般定为 ±0.000，低于 ±0.000 的前边加 "－" 号；高于 ±0.000 的可省去 "＋" 号。

通过查阅建筑平面施工图中的标高，结合立面图、剖面图，可以了解建筑物的每层的空间高度以及室内空间的变化情况。

从图 3-2 可以看出，该宿舍楼的底层室内标高为 ±0.000，盥洗室、卫生间比同层地面低 20mm，建筑标高为 －0.020。

**6. 查看门窗位置、型号及编号**

平面图常用图例表示形状较复杂的门窗、设备等（图 3-1）。

建筑物的门窗，平间图中只是表示出位置以及洞口宽度，它的洞口高度、窗台高等应从立面图或剖面图中查阅。另外，门窗表中显示了有关门窗的详细资料，通过门窗的编号对应门窗表可以查出每一樘门窗的洞口高度以及材料等，无法选用标准图的建筑施工图中一般还有门窗大样。

门的代号为 "M"，如 M—1，M—2，…；窗的代号为 "C"，如 C—1，C—2，…；门连窗的代号一般用 "MC" 表示，如 MC—1，MC—2，…。此外，根据建筑物的复杂程度，也可能会有玻璃幕墙、玻璃隔断等，都应一并编号并列于门窗表中。

**7. 平面图中要显示其他专业对土建所要求的预留洞**

在建筑施工图中，建筑专业和其他专业所需要的预留洞，其平面尺寸及标高都应有所显示。比如，半暗装暖气片的壁龛，墙上暗装消火栓的洞槽，暗装电表箱的洞槽等，在建筑施工图中都会正确显示其位置和尺寸。

在设计过程中，各专业互相协调，每个专业所需要的预留洞最终由建筑专业标注于建筑图上。施工过程中，同样各工种要相互配合，在建筑施工图中查阅每个专业的预留洞。

**8. 注意相关设施的情况**

比如，室外台阶、花池、散水、明沟等的位置和尺寸等，在底层平面图中都有所反映。要注意这些相关的设施，避免发生冲突。

**9. 底层平面图上应标注有剖面图的剖切位置符号，查看剖面图时应相互对应**

剖面图的剖切符号是标注于底层平面图中的，要注意与剖面图相互对照。

阅读建筑平面施工图时，要注意各层平面图之间的区别，各层平面的楼梯的平面形式、楼面标高、室外设施等是不同的，在底层平面图还标有指北针。同时，又要注意各层平面图的相互结合，前后对照，真正理解各层的平面布局，运用所学知识，发挥空间想象能力，真正掌握该建筑物的空间关系。这是阅读建筑施工图的关键，对迅速掌握其他专业施工图的识读也是大有好处的。

# 3.4　立面施工图的识读

建筑立面图是在与房屋立面平行的投影面上所作的正投影图。

在建筑立面施工图中，主要反映了建筑物的外部造型和轮廓，室外构配件的形状及相互关系，门窗洞口、檐口、阳台等的标高，建筑外部装修的材料和颜色以及构造做法，等等。在建筑立面图的两端应标注出建筑端部的定位轴线及其编号。立面图比较直观，雨篷、阳台、立面门窗等建筑外部构配件都能反映其实形，各部分的轮廓线从线型的粗细上也进行了区分。另外，建筑立面施工图中的尺寸也比平面施工图少，主要标注立面标高。有关外装修的材料、构造做法一般也标注于立面施工图中。

阅读建筑立面施工图时，只要结合平面施工图和有关剖面施工图，加上立面图直观的特性，一般来讲是比较容易识读的。

现以上例中学生宿舍楼的建筑立面施工图为例（图3-3），说明立面图的识读。

**1. 查看图名和比例**

与平面施工图相同，在每个立面图的下方都有该立面图的图名和比例。从图纸的标题栏也可查出本张图纸的内容。要分清该立面图到底是哪个立面，以便跟平面图相对照一起识读。另外根据建筑两端的定位轴线编号也能够看出该立面到底是哪个立面。建筑立面施工图常常采用1∶100的比例，有时也可采用稍小的比例。

从图3-3可以看出，该立面图为南立面图，即①轴线到⑩轴线的立面图，比例为1∶100。

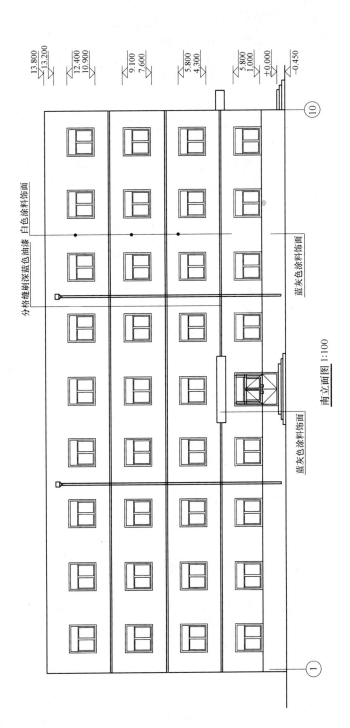

南立面图 1:100

图 3-3　学生宿舍楼建筑立面施工图

**2. 查看立面的外形，对照平面领会细部形状**

建筑的屋面形式、檐口、立面门窗、雨篷、阳台、台阶坡道等室外设施及构造做法，在立面施工图中都会反映出来。阅读时要结合平面施工图，领会每一个有变化的地方的凹凸关系及形状，甚至细部做法。当通过立面图表达不清楚时，还会用大样详图进一步表达细部，这时要结合详图来识读，力求达到能看懂立面图的每一个细节。

从图 3-3 可以看出，该立面图比较简单，没有过多的凹凸，容易识读。

**3. 查看立面图中主要部位的标高**

建筑立面施工图的一个主要作用就是标注有关标高。比如，室外设计地坪、室内楼地面、屋面檐口、门窗洞口、阳台栏板扶手、雨篷等的标高，在立面施工图中都会反映出来。阅读图纸时要注意这些主要部位的标高，尤其与本专业密切相关的一些建筑标高。

室内楼地面的建筑标高，是指楼地面面层上表面的标高，与结构标高是有区别的；而屋面的建筑标高，是指屋面结构层上表面的标高，此处的建筑标高与结构标高是相同的。

在图 3-3 的立面图中，显示了各层窗洞口的标高、檐口标高、底层地面标高以及室外地坪标高。该建筑物的室内外高差为 450mm。

**4. 结合详图查看外部装修材料和做法**

在建筑立面施工图中一般都标注出了外部装修材料及做法，比如外墙用的什么装饰材料，都有哪些细部装饰等，有时需要选标准图或绘制详图才能表达清楚，这样就需要结合有关的大样详图来阅读建筑立面施工图。

从图 3-3 可以看出，建筑主体为白色涂料饰面，并在接近层高处设有涂深蓝色油漆的分格缝；勒脚部分、雨篷为蓝灰色涂料饰面。

对于建筑环境与能源应用工程、楼宇智能化工程技术、制冷与空调技术、供热通风与空调以及其他设备专业来讲，立面施工图远没有平面施工图重要。但学习阅读建筑立面，对空间想象能力的培养，以及整个施工图识读能力的训练，是很有必要的。尤其是一些建筑立面变化丰富，构件凹凸较多，体量关系复杂的建筑物，学习时更应多加体会，以提高自己的识图能力。

## 3.5　剖面施工图的识读

建筑剖面施工图主要是用来表示房屋的内部结构、分层情况、楼层等部位的标高以及各构配件的竖向关系的。绘制剖面图的一个主要目的就是标注各部分的建筑标高。

建筑剖面图常采用 1:100 的比例。识读建筑剖面图时，关键要分清剖切部分和可见部分的区别：剖切部分的轮廓线应用粗实线表示，而可见部分用细实线表示。为区分钢筋混凝土的梁和楼板和砌体结构的墙体，常把被剖切到的钢筋混凝土构件涂黑。

采用较大比例的剖面施工图时，所表达的内容也更为详细，图样表达得也更为具体。这时，被剖切到的建筑材料，要用建筑材料符号加以表示，并可用多层构造引出线的方法标注被剖切到的楼地面和屋面的构造做法。

　　常用建筑材料的图例符号如图3-4所示。

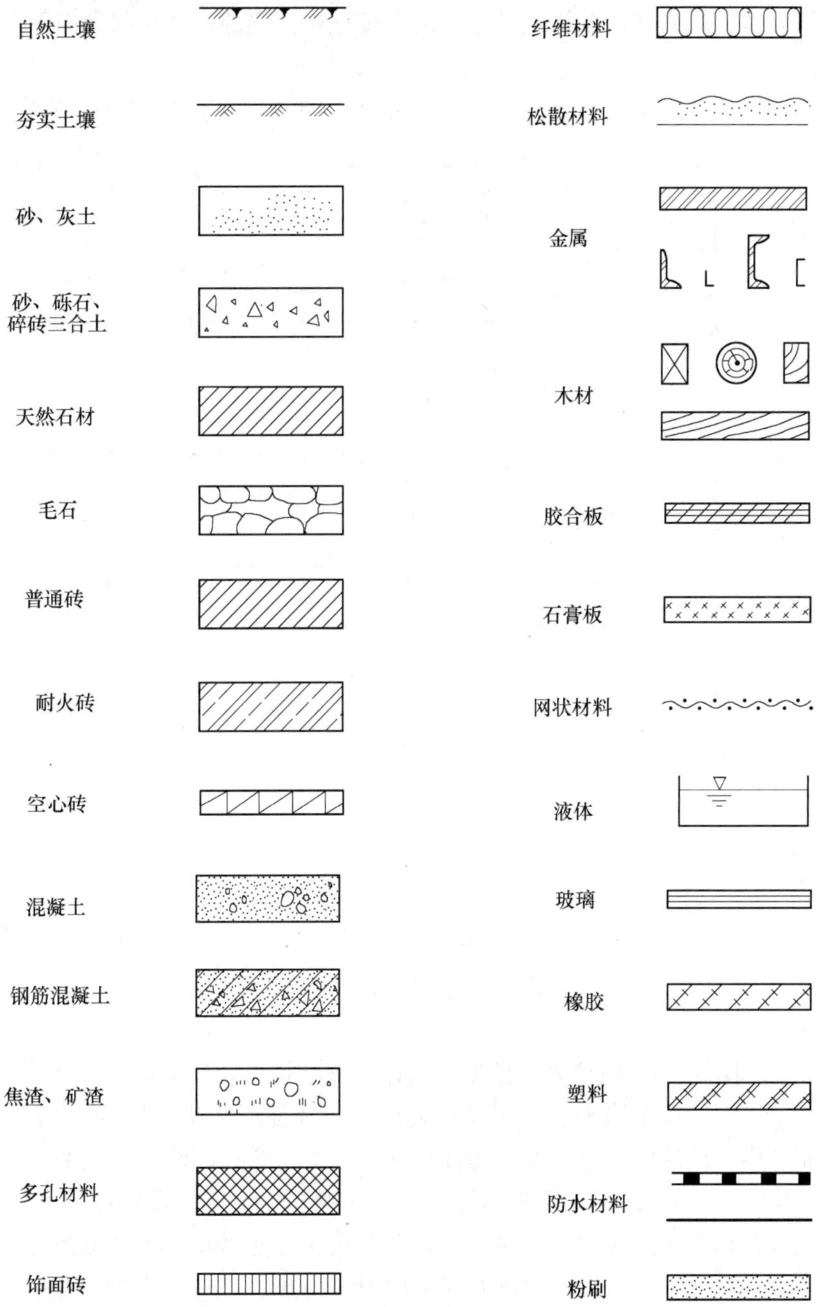

| | | | |
|---|---|---|---|
| 自然土壤 | | 纤维材料 | |
| 夯实土壤 | | 松散材料 | |
| 砂、灰土 | | 金属 | |
| 砂、砾石、碎砖三合土 | | 木材 | |
| 天然石材 | | | |
| 毛石 | | 胶合板 | |
| 普通砖 | | 石膏板 | |
| 耐火砖 | | 网状材料 | |
| 空心砖 | | 液体 | |
| 混凝土 | | 玻璃 | |
| 钢筋混凝土 | | 橡胶 | |
| 焦渣、矿渣 | | 塑料 | |
| 多孔材料 | | 防水材料 | |
| 饰面砖 | | 粉刷 | |

图3-4　常用建筑材料图例

一套建筑施工图中，剖面图的多少应根据建筑物的复杂程度而定，普通的建筑物仅作一个横剖面图就能满足需要，建筑空间较复杂时可增加剖面的数量。剖面的剖切位置要合适，一般选在门窗洞口、楼梯间、雨篷或其他空间有变化处。它的命名要与平面图上剖切符号的编号相一致。

现仍以上例学生宿舍楼的建筑剖面施工图为例（图 3-5），说明剖面图的识读。

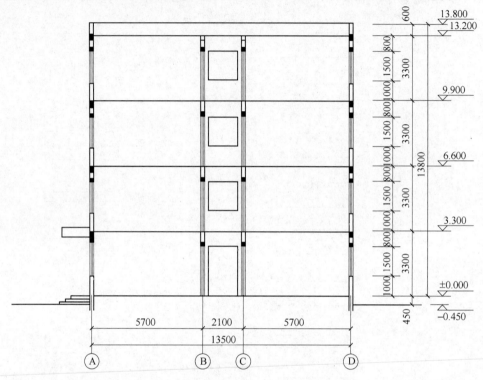

1—1 剖面图 1:100

图 3-5　建筑剖面施工图

**1. 首先弄清剖面图的剖切位置、投影方向以及剖切构件和可见构件**

建筑剖面施工图，要对照平面施工图一起阅读，才能弄清剖面图的剖切位置和剖视方向，领会剖面图中所反映的内容，哪些构件是剖切到的，哪些构件是可见的。图 3-2 的底层平面图，表示出了 1—1 剖面图具体的剖切位置、剖视方向以及剖画图编号。

所有剖切到的构件轮廓线为粗实线，没有剖切到的可见部分用细实线表示。阅读剖面施工图，必须弄清这种关系。在较大比例的施工图中，还会显示出各种剖切构件的材料图例符号，并绘出墙面抹灰层、楼地面、顶棚抹灰、屋面做法等面层的厚度，只不过这些构造层次的轮廓线仍用细实线表示。

剖面图中，剖切到的主要墙体等的定位轴线及其编号都应绘出，并标注出它们之间的距离。从这一点也能够验证剖面图的剖视方向。

结合图 3-2，从图 3-5 可以看出，该剖面图为横剖面，两道纵向外墙以及该外墙上的 C—1 窗，两道纵向内墙以及该内墙上的 M—1 门，均为剖切构件。投影方向自东向西。

**2. 查看建筑物主要结构构件的结构类型、位置以及它们之间的相对位置关系**

在建筑剖面施工图中，梁板是如何铺设的，梁板与墙体的连接，屋面、楼板、梁的结构形式以及与墙柱的关系等，都会反映出来。看懂剖面图的这些关系，可以加深对该建筑物结构情况的认识。

**3. 查看各部分的尺寸关系和建筑标高**

查看各部分的尺寸关系和主要建筑标高，是各专业阅读剖面施工图的主要目的。

首先，查看建筑室内外地坪高差。为防止室外的雨水倒流入室内，也为了防止室内过于潮湿，一般情况下，建筑的室内地坪要高于室外地坪。室内外的高差最少不应小于 150mm。民用建筑常常采用 450mm、600mm、750mm、900mm 等室内外地坪高差。

其次，查看各楼层标高以及屋顶或檐口标高。楼层的建筑标高是指楼地面的面层上表面处的标高，屋面标高指屋面结构层上表面的标高，檐口标高是指屋面檐口处的标高。通过这些建筑标高可以知道建筑物的层高，这直接关系到管道的敷设所占的空间高度是否合适，是相关专业必须要知道的。

最后，查看建筑物总高和细部的一些标高。比如阳台、雨篷、门窗洞口等。

与平面图一样，剖面图的竖向尺寸也应标注三道尺寸线。

第一道尺寸线：指离建筑物最近的尺寸线，标注外墙上门窗洞口高度和窗间墙尺寸或其他细部构造尺寸。

第二道尺寸线：标注建筑物的层高。

第三道尺寸线：标注建筑物的总高度，指室外设计地坪到屋面檐口的高度。

从图 3-5 可以看出，该宿舍楼为四层，层高 3300mm，室内外高差 450mm，女儿墙高 600mm，建筑总高 13800mm。C—1 窗高 1500mm，窗台高 1000mm，窗洞口到上层楼面 800mm。

# 3.6　大样详图的识读

为满足施工的要求，把平、立、剖面图中一些细部的建筑构造用较大比例的图样详细绘出，即是建筑节点详图（或叫大样详图）。

绘制详图的比例，一般有 1∶50、1∶20、1∶10、1∶5、1∶2、1∶1 等。由于详图的比例较大，在平面详图和剖面详图中，剖到的材料应该用不同的材料符号表示出来。各种材料图例符号见图 3-4。

详图的绘制深度。要求构造表达清楚，尺寸标注齐全，文字说明准确，轴线标高与相应的平、立、剖面图一致。不是特别复杂的，用一个详图即可表达清楚其构造做法；复杂的需要的详图也较多。

与平、立、剖面图相对应，详图也有平面详图、立面详图、剖面详图之分。凡是有详图的，具体的构造做法都应以详图为准。所以，大样详图是建筑施工图的重要组成部分。

一般房屋常见的详图主要有：檐口详图、墙身构造节点详图、楼梯详图、厨房及卫生间平面布置详图、阳台详图、门窗详图、建筑装饰详图、雨篷详图、台阶详图等。图3-6是一个墙身节点详图。

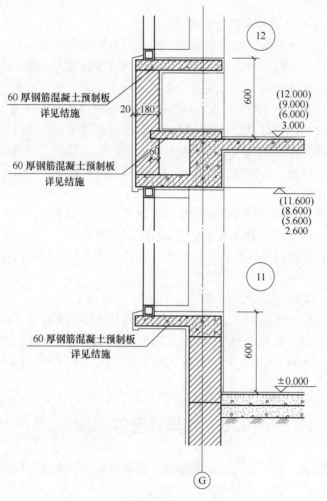

图3-6　墙身节点详图

建筑施工图需要详图的数量是比较多的。对于一些常用的构造做法，为减少每套建筑施工图中详图的数量，常常编制成标准图，以供每个工程项目选用。适用范围较广的有国标、地区标（指中南地区、华北地区等）、省标等国家及地方的通用标准图，可供全国、某地区、某省份范围内的工程项目选用。小范围的有针对某一工程项目编制的通用图，使用范围仅仅是该项工程。无论是选用的标准图还是绘制的大样详图，为阅读方便，都应有索引符号和详图符号进行编号。

索引符号是表示图上该部分另有详图表示的意思。它由用细实线绘制的直径为 10mm 的圆和过圆心的水平细直线以及引出线组成。在圆圈的上半圆和下半圆中均标有阿拉伯数字，上半圆中的数字表示详图的编号，下半圆的数字表示该详图所在图纸的编号。当详图与被索引的图样在同一张图纸上时，下半圆中用一短平实线表示。如果选用标准图中的详图时，在圆的水平直径延长线上加注标准图集的编号。详图索引符号如图 3-7 所示。

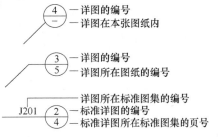

图 3-7  详图索引符号

当详图为剖面详图或断面详图时，在索引符号引出线的一侧，有一表示剖切位置的短粗实线，这个短粗实线在引出线的哪一侧，就表示该剖面（或断面）详图是从哪个方向所作的投影，如图 3-8 所示。

详图符号表示详图的位置和编号，是一直径为 14mm 的粗实线圆圈，并在圆圈内标有阿拉伯数字或字母。当详图与被索引的图样在同一张图纸内时，圆圈内的阿拉伯数字就是该详图的编号；当详图与被索引的图样不在同一张图纸内时，圆圈内有一细实线分为上下半圆，上半圆内数字或字母为该详图编号，下半圆为被索引详图所在的图纸号，如图 3-9 所示。

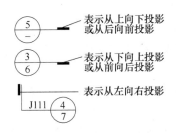

图 3-8  局部剖面详图索引符号

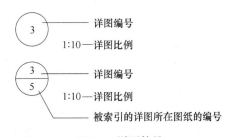

图 3-9  详图符号

大样详图比例较大，剖切构件的建筑材料都用相应的符号表示，构造层次较多时可用分层构造引出线加以说明，再加上大样详图的尺寸、标高标注得非常详细，读懂建筑大样详图并不困难。必须注意的是：根据详图的编号以及被索引图样的索引符号，弄清详图所在的位置，以及与周围相关构造的关系，做到先由整体到局部，再由局部回到整体中去。

图 3-10 是学生宿舍楼卫生间的平面布置大样详图举例。

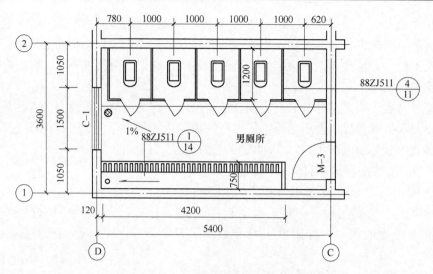

图 3-10  学生宿舍楼卫生间平面布置详图

## 小　　结

1. 一套完整的图样包括房屋建筑施工图、结构施工图、设备施工图，本章重点介绍建筑施工图的内容及识读与绘制方法。

2. 建筑施工图包括首页、总平面图、平面图（底层平面图、标准层平面图、顶层平面图）、立面图、剖面图、详图。这些图样相互对应，完整准确地表达了建筑设计师的意图。

3. 建筑总平面图主要标示新建建筑与原有建筑、道路、地形地物的关系，以及其定位依据、定位坐标、平面形状、层数等。

4. 建筑平面图说明了建筑物的总体布局、平面形状、内部空间的分割和联系、各部分的尺寸、主要构配件的位置和尺寸等，是施工放线、墙体砌筑、门窗安装以及编制施工图预算的重要依据。

5. 建筑立面图用来表示建筑物的立面造型、各主要部件的空间位置及其相互联系，以及外部装饰做法。

6. 建筑剖面图是为了清楚地表示出建筑内部垂直方向的构造形式、构件的相互联系等，建筑剖面图需要结合平面图、立面图一起识读。

7. 建筑详图是用大比例将结构的细部做法清楚地表达出来，有的详图是取自于有关标准图集，如外墙、檐口、雨篷、勒脚、厨房、卫生间等。

8. 建筑施工图的识读应该按照图纸的编排顺序，并结合图纸的特点，先粗后细，先大后小；先外后内，先概貌后细部，而且要把各有关图样联系起来阅读。

9. 在识读建筑施工图的基础上，学习建筑施工图的绘制有助于加深对整套图纸的理解。目前用于辅助建筑设计的软件有很多，具体操作可参阅相关书籍。

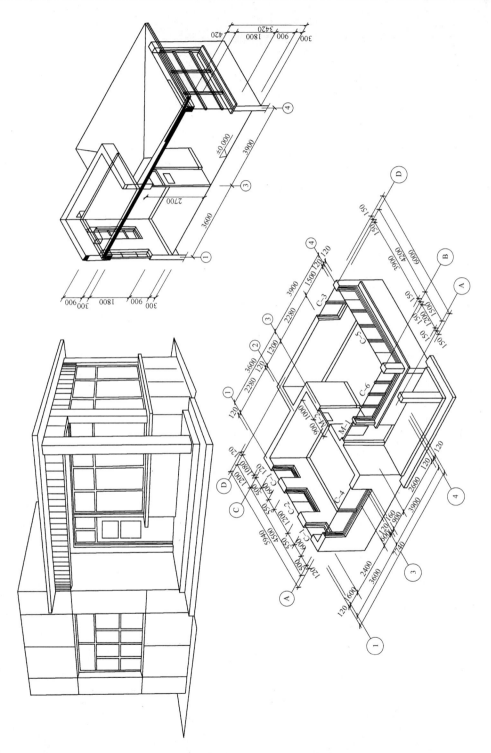

图 3-11　建筑物的轴测图和透视图

## 绘图题

根据图 3-11 所示建筑物的轴测图和透视图，用 2 号图纸，1：100 比例画出平面图、立面图、剖面图。

## 实训题

请识读图 3-12 的建筑平面图，回答以下问题：

（1）本建筑平面图是第几层？绘制比例是什么？

（2）根据指北针，指出建筑的东南西北朝向？

（3）盥洗室的开间、进深是多少？其门窗的大小和位置如何？

（4）室内标高、室外标高各是多少？

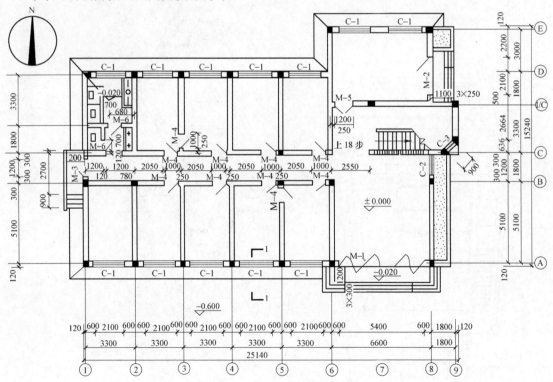

图 3-12  首层建筑平面图 1：200

# 第4章

# 建筑设备施工图识读

## 4.1　建筑设备施工图的内容和特点

　　建筑设备是保障一幢房屋能够正常使用的必备条件，也是房屋的重要组成部分。建筑设备工程主要包括：给排水设备，供暖、通风设备，电气设备，燃气设备等。由于各种建筑设备施工图都有各自的特点，并且与建筑结构图有着密切的联系，因而作为物业方面的专业人员，必须很好地识读这些图，才能更好地为小区建设服务。

　　建筑设备施工图包括管线平面图、系统图、原理图和设计说明。建筑设备作为房屋的重要组成部分，其施工图主要有以下特点：

　　（1）各设备系统一般采用统一的图例符号表示，这些图例符号一般并不完全反映实物的原形。所以，在识图前，应首先了解与图样有关的各种图例符号及其所代表的内容。

　　（2）各设备系统都有自己的走向，在识图时，应按一定顺序去读，使设备系统一目了然，更加易于掌握，并能尽快了解全局。如在识读电气系统和给水系统时，一般应按下面的顺序进行：

　　电气系统：进户线→配电盘→干线→分配电板→支线→用电设备。

　　给水系统：引入管→水表井→干管→立管→支管→用水设备。

　　（3）各设备系统常常是纵横交错敷设的，在平面图上难于看懂，一般配备辅助图形——轴测投影图来表达各系统的空间关系。这样对照阅读，就可以把各系统的空间位置完整地体现出来。

　　（4）各设备系统的施工安装、管线敷设与土建施工是相互配合的，看图时，应注意不同设备系统的特点及其对土建的不同要求（如管沟、留洞、埋件等），注意查阅相关的土建图样，掌握各工种图样间的相互关系。

## 4.2 给排水系统施工图的识读

建筑给排水系统施工图是指房屋内部的卫生设备或生产用水装置的施工图，主要反映用水器具的安装位置及其管道布置情况，一般分为室内给排水系统和室外给排水系统两部分。室内给排水系统施工图包括：设备系统平面图、轴测图、详图和施工说明。室外给排水系统施工图包括：设备系统平面图、纵断面图、详图以及施工说明。管道图例应符合《建筑给水排水制图标准》（GB/T 50106—2010）的要求，见表4-1。

**表4-1　给水排水管道图例**

| 序号 | 名　称 | 图　例 | 备　注 | 序号 | 名　称 | 图　例 | 备　注 |
|---|---|---|---|---|---|---|---|
| 1 | 生活给水管 | —— J —— | — | 12 | 压力废水管 | —— YF —— | — |
| 2 | 热水给水管 | —— RJ —— | — | 13 | 通气管 | —— T —— | — |
| 3 | 热水回水管 | —— RH —— | — | 14 | 污水管 | —— W —— | — |
| 4 | 中水给水管 | —— ZJ —— | — | 15 | 压力污水管 | —— YW —— | — |
| 5 | 循环冷却给水管 | —— XJ —— | — | 16 | 雨水管 | —— Y —— | — |
| 6 | 循环冷却回水管 | —— XH —— | — | 17 | 压力雨水管 | —— YY —— | — |
| 7 | 热媒给水管 | —— RM —— | — | 18 | 虹吸雨水管 | —— HY —— | — |
| 8 | 热媒回水管 | —— RMH —— | — | 19 | 膨胀管 | —— PZ —— | — |
| 9 | 蒸汽管 | —— Z —— | — | 20 | 保温管 | ～～～～ | 也可用文字说明保温范围 |
| 10 | 凝结水管 | —— N —— | — | 21 | 伴热管 | —————— | 也可用文字说明保温范围 |
| 11 | 废水管 | —— F —— | 可与中水原水管合用 | 22 | 多孔管 | —————— | — |

（续）

| 序号 | 名　称 | 图　例 | 备　注 | 序号 | 名　称 | 图　例 | 备　注 |
|---|---|---|---|---|---|---|---|
| 23 | 地沟管 | ┅┅┅┅ | — | 26 | 空调凝结水管 | ━━ KN ━━ | — |
| 24 | 防护套管 | ▭ | — | 27 | 排水明沟 | 坡向　→ | — |
| 25 | 管道立管 | XL-1 平面　XL-1 系统 | X 为管道类别 L 为立管 1 为编号 | 28 | 排水暗沟 | 坡向　→ | — |

## 4.2.1　给排水系统的平面图

给排水系统的平面图表明为了供给生活、生产、消防用水以及排除生活或生产废水而建设的一整套工程设施的平面布置情况。主要内容包括：

（1）各用水设备的类型、平面位置及安装方式。

（2）各管线（干管、立管、支管）的平面位置、管径尺寸及编号。

（3）各零部件的平面位置及数量。

（4）给水引入管和污水排出管的平面位置、编号以及与室外给排水管网的联系。

**1. 给排水平面图**

在给排水平面图中用细实线绘制建筑的墙身、柱、门窗、洞口等主要构件。在各层的平面布置图上，均需标注墙、柱的定位轴线编号和轴线尺寸以及各楼面、地面标高。给排水平面图在房屋内部，凡需要用水的房间，均需要配以卫生设备和给水用具。在底层给排水平面图中，各种管道进出建筑物要按系统进行编号。图 4-1 所示为某小区住宅楼室内一层的给排水管网平面图，其主要表示供水管线和排水管线的平面走向以及各用水房间所配备的卫生设备和给水用具，地漏的位置和各给水用具均已在图中标出。

**2. 给水平面图和排水平面图**

一般都把室内给水、排水管道用不同的线型表示画在同一张图上，当管道较为复杂时，也可分别画出给水和排水管道的平面图。

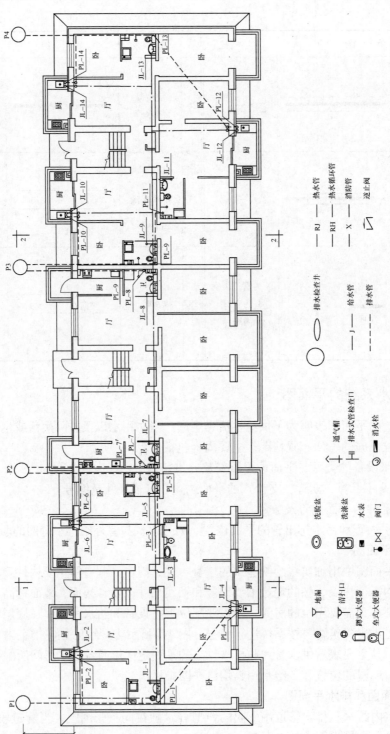

图4-1 一层的给排水管网平面图

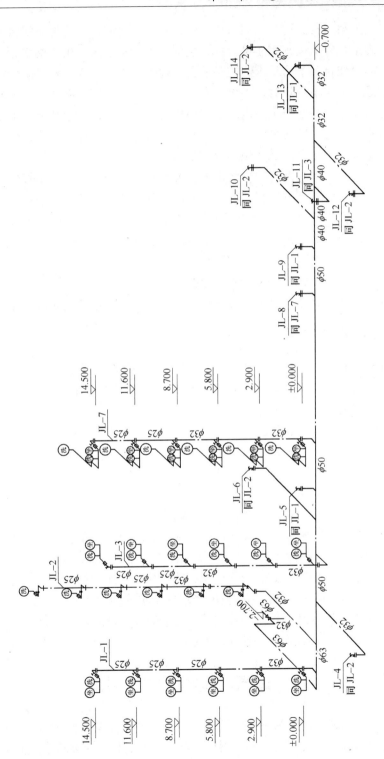

图4-2 室内给水管网轴测图

给水系统自室外给水管网取水，靠水压作用，经配水管网，以各种方式将水分配给室内各个用水点。室内给水管道按其用途可分为：生活饮用给水管道、生产给水管道和消防给水管道三种。对于高层建筑及消防要求高的某些公共建筑和生产厂房，若消防管道与其他管道合并，在技术和经济上均不合理时，可设置专用的消防给水系统。在居住和公共建筑内敷设管道时，尽可能将管道安装在卫生间内。引入楼内的给水管道，形成地下水平干管，由墙角处立管上来，由水平支管沿墙面纵向延伸，分别经过蹲式大便器和盥洗盆，然后由立管处再向上层各屋。供水按照给水管的平面顺序较容易识读。

排水平面图主要表示排水管网的平面走向以及污水排出的装置。排水管的布置应靠近室外排水管道，并与给水引入管成垂直角度。将室内各种设备排出的污水分别汇集起来，直接或经过局部处理后，排入室外污水管道。为排除屋面的雨、雪水，有时要设置室内雨水管道，把雨水排入室外雨水管道或合流制的下水道。排水管道可分为：生活污水管道、工业废水管道、雨水管道。一般民用建筑的室内排水系统分为：

（1）合流制　即生活污水与雨水合在一起排除。

（2）分流制　即生活污水与雨水分别排除；或粪便污水、洗涤废水及雨水分别排除。

### 4.2.2　给排水系统的轴测图

给排水系统的平面图由于管道交错，读图较难，而轴测图能够清楚、直观地表示出给排水管的空间布置情况，立体感强，易于识别。在轴测图中能够清晰地标注出管道的空间走向、尺寸和位置，用水设备及其型号、位置。

给排水系统轴测图的内容包括：

（1）明管道系统在各楼层间前、后、左、右的空间位置及相互关系。

（2）注有各管段的管径、坡度、标高和立管编号。

（3）给水阀门、水龙头。

（4）存水弯、地漏、清扫口、检查口等管道附件的位置。

系统图中，一般不注排水横管标高，只标出排出管起点内底的标高，以及楼面、地面、屋面、透气球的标高。识读轴测图时，给水系统按照树状由干到枝的顺序，排水系统按照由枝到干的顺序逐层分析，也就是按照水流方向读图，再与平面图紧密结合，就可以清楚地了解到各层的给排水情况。图4-2为某小区住宅楼室内给水管网轴测图，从引入管开始，各管的尺寸和用水设备的位置一目了然。如：引入管标高±0.000，立管直径为32mm，水平干管的标高-0.700，最上层高位水箱标高14.500等。

## 4.3　燃气系统施工图的识读

由于城市燃气网的建设以及为了给居民提供更好的服务设施，燃气安装已成为现在住宅楼建设的重要组成部分。燃气管网的分布近似于给水管网，但由于城市燃气是易燃易爆的混合气体，所以对于燃气设备、管道等的设计、加工与敷设都有严格要求，必须注意防腐、防漏气的处理，同时还应加强维护和管理工作。

## 4.3.1　燃气管道的组成

在民用建筑和公共建筑物中，供应燃气的管道与城市分配管网相连接，并将燃气送到每一个燃气用具。这部分燃气管道由用户引入管、立管、干管、用户支管、用具连接管等部分组成。

**1. 用户引入管**

用户引入管与城市或庭院地下分配管道连接，在分支管处应设阀门。当输送含有水分的湿燃气时，引入管应以 0.003 的坡度坡向燃气管道。引入管的直径一般不小于 50mm。燃气管道引入建筑物时，一般直接引入用气房间或计量间，并加装总阀门，以便关断和检修。引入管的敷设方式分为地下和地上引入法两种，一般来说，新建建筑物都应预留管洞，尽量采用地下引入法，但目前很多民用建筑仍为建成后再进行燃气管道的设计与安装，因此，为了不破坏建筑物的基础结构，多采用地上引入法。

**2. 立管**

燃气立管就是穿过楼板贯通各用户的垂直管，一般应敷设在厨房或走廊内。立管的上下端应装丝堵，以便于清扫。立管的直径一般不小于 25 mm。

**3. 干管**

当建筑物内需设置若干根立管时，应设置水平干管进行连接。水平干管可沿通风良好的楼梯间、走廊或辅助房间敷设，一般高度不低于 2m，与顶棚的距离不得小于 150mm。输送燃气时，干管应以不小于 0.003 的坡度坡向引入管，并注意保湿。

**4. 用户支管**

由立管引出的用户支管，其水平管段在居民住宅厨房内不应低于 1.7m，但从方便施工考虑，离顶棚的距离不得小于 150mm。用户支管敷设坡度不小于 0.002，并由燃气计量表分别坡向立管和燃气用具。

**5. 用户连接管**

用户连接管是由支管连接燃气用具的管段。每个燃气用具前均应设置阀门，旋塞阀距地面 1.4m 左右。管道与燃气用具之间可分为硬连接（钢管管件连接）与软连接（橡胶软管连接）两种。采用硬连接时，燃气用具不能随意移动；采用软连接时，燃气用具可在一定范围内移动。目前，燃气用具连接多采用软连接，一般情况下，家用燃气灶的软管长度不超过 1m，燃气热水器的软管长度不超过 0.5m，连接应保证严密。

## 4.3.2　燃气施工图的识读

燃气施工图一般有平面图、系统图和详图三种，同时还附有设计说明。绘制的方法同给排水施工图一样。图 4-3 为某住宅室内燃气管道系统剖面图。从图中可以看出：燃气管道由用户引入管从室外进入，通过立管进入到各楼层，再由干管、用户支管送入厨房。

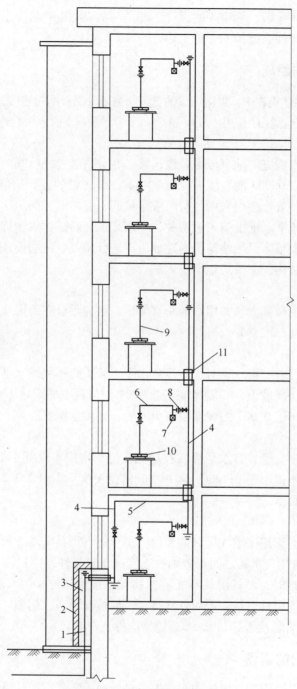

图 4-3　燃气管道系统剖面图

1—用户引入管　2—砖台　3—保温层　4—立管　5—水平干管　6—用户支管
7—燃气计量表　8—旋塞及活接头　9—用户连接管　10—燃气用具　11—套管

## 小　结

1. 建筑设备工程包括：给排水设备，供暖、通风设备，电气设备，燃气设备等。在识图时，应按一定顺序去读，使设备系统一目了然，易于掌握，并能尽快了解全局。

2. 供水按照给水管的平面顺序较容易识读。识读轴测图时，给水系统按照树状由干到枝的顺序，排水系统按照由枝到干的顺序逐层分析，也就是按照水流方向读图，再与平面图紧密结合，就可以清楚地了解到各层的给排水情况。

3. 燃气系统施工图一般有平面图、系统图和详图三种，同时还附有设计说明。绘制的方法同给排水施工图一样。

## 绘　图　题

按照《建筑给水排水制图标准》（GB/T 50106—2010）的要求绘制管道图例（参见表 4-1）。

## 实　训　题

试述室内给排水所包含的内容有哪些？识读给排水常用图例。

# 第**5**章

# 建筑构造概论

　　建筑是建筑物与构筑物的总称。建筑按使用性质分为工业建筑、民用建筑和农业建筑。

　　工业建筑指供人们从事各类工业生产的建筑物，包括生产用房、辅助用房、动力用房、库房等。

　　民用建筑指供人们居住、生活、工作和从事文化、商业、医疗、交通等公共活动的建筑物。民用建筑的范畴较广，建造量大，可以说，在城市里除了工业建筑以外，所有建筑都是民用建筑。本教材主要以讲述民用建筑为主。

　　民用建筑包括两大类：一是居住建筑，指供人们居住、生活的建筑，包括住宅、宿舍和公寓等；二是公共建筑，公共建筑包括办公类建筑、教育科研类建筑（学校建筑和科研建筑）、文化娱乐类建筑、体育类建筑、商业服务类建筑、旅馆类建筑、医疗福利类建筑、交通类建筑、邮电类建筑、司法类建筑、纪念类建筑、园林类建筑、市政公用设施类建筑以及综合性建筑（兼有以上两种或两种以上的功能）等十四类。

　　农业建筑是指供人们从事农牧业生产（如种植、养殖、畜牧、贮存等）的建筑。如畜舍、温室、塑料薄膜大棚等。农业建筑的结构和构造都比较简单，一般不作为研究的范畴，因此又有"工业与民用建筑"的说法。

## 5.1　民用建筑的分类与等级

### 5.1.1　民用建筑的分类

**1. 按主要承重结构的材料分**

　　（1）生土-木结构　以土坯、板柱等生土墙和木屋架作为主要承重结构的建筑，称为生土-木结构建筑。这种结构类型的造价低，但耐久性差。农村现在也很少采用。

（2）砖木结构　以砖墙（或砖柱）、木屋架作为主要承重结构的建筑，称为砖木结构建筑。这种结构类型与生土-木结构相比，耐久性要好些，造价也不太高，多用于次要建筑、临时建筑。

（3）砖混结构　以砖墙（或柱）、钢筋混凝土楼板和屋顶作为主要承重结构的建筑，称为砖混结构建筑（即砖-钢筋混凝土结构），目前采用较多。

（4）钢筋混凝土结构　主要承重构件全部采用钢筋混凝土材料的建筑，称为钢筋混凝土结构建筑。室内空间可以较大，层数也可以较高，适用于大型公共建筑、高层建筑以及大跨度工业建筑，是目前采用得较多的一种结构形式。

（5）钢结构　主要承重构件全部采用钢材制作的建筑，称为钢结构建筑。它有自重轻、受力好等优点，多用于超高层建筑、大跨度并有振动荷载的工业厂房。

**2. 按承重结构的承重方式分**

（1）墙承重式　竖向承重构件全部用墙体来承受楼板和屋顶等传来的荷载，称为墙承重式建筑。生土-木结构、砖木结构、砖混结构以及钢筋混凝土剪力墙结构都属于这一类结构形式。

（2）骨架承重式　用梁与柱组成的骨架来承受全部荷载的建筑称为骨架式建筑。骨架可以是钢筋混凝土或钢，由于这种结构的墙体不承重，内部空间划分灵活，可用于大空间建筑、高层建筑以及荷载大的建筑。

（3）内骨架承重式　内部用梁柱、四周用墙体承重的建筑称为内骨架承重式建筑。利用外墙承重可以节省建筑物外围的承重骨架，但内外受力不一致，现在采用得较少。

（4）空间结构承重式　用空间结构承受荷载的建筑称为空间结构承重式建筑。这类建筑一般是室内空间要求较大而又不允许设柱子，比如体育馆类建筑，它的屋盖就可以采用网架、悬索、壳体等空间结构的形式。

**3. 按规模和数量分**

（1）大量性建筑　指建造数量较多的居住建筑和中小型公共建筑。

（2）大型性建筑　指建造数量少但体量大的公共建筑。如体育馆、航空港、火车站等。

除此之外，《建筑设计防火规范》（GB 50016—2014）中，关于高层建筑有如下规定：建筑高度大于27m 的住宅建筑和建筑高度大于24m 的非单层厂房、仓库和其他民用建筑即是高层建筑。《住宅设计规范》（GB 50096—2011）中规定，住宅按层数划分有低层（1～3层）、多层（4～6层）、中高层（7～9层）、高层（10层及以上）之分。

可见，分类方法不同，民用建筑的种类也多种多样。

## 5.1.2　民用建筑的等级

**1. 按重要性分为五等**

房屋建筑等级见表5-1。

表 5-1 房屋建筑等级

| 等级 | 适用范围 | 建筑类别举例 |
|---|---|---|
| 特等 | 具有重大纪念性、历史性，国际性和国家级的各类建筑 | 国家级建筑：如国宾馆、国家大剧院、大会堂、纪念堂；国家美术、博物、图书馆；国家级科研中心、体育、医疗建筑等<br>国际性建筑：如重点国际科教文、旅游贸易、福利卫生建筑；大型国际航空港等 |
| 甲等 | 高级居住建筑和公共建筑 | 高等住宅；高级科研人员单身宿舍；高级旅馆；部、委、省、军级办公楼；国家重点科教建筑；省、市、自治区重点文娱集会建筑、博览建筑、体育建筑、外事托幼建筑、医疗建筑、交通邮电类建筑、商业类建筑等 |
| 乙等 | 中级居住建筑和公共建筑 | 中级住宅；中级单身宿舍；高等院校与科研单位的科教建筑；省、市、自治区级旅馆；地、师级办公楼；省、市、自治区一级文娱集会建筑、博览建筑、体育建筑、福利卫生建筑；交通邮电类建筑、商业类建筑及其他公共建筑等 |
| 丙等 | 一般居住建筑和公共建筑 | 一般职工住宅；一般职工单身宿舍；学生宿舍；一般旅馆；行政企事业单位办公楼；中学及小学科教建筑；文娱集会建筑、博览建筑、体育建筑、县级福利卫生建筑；交通邮电类建筑、商业类建筑及其他公共建筑等 |
| 丁等 | 低标准的居住和公共建筑 | 防火等级为四级的各类民用建筑，包括住宅建筑、宿舍建筑、旅馆建筑、办公楼建筑、教科文类建筑、福利卫生类建筑、商业类建筑及其他公共建筑等 |

**2. 按防火性能和耐火极限分四级**

火灾会对人民的生命和财产安全构成极大的威胁，建筑设计、建筑构造等方面必须有足够的重视，我国的防火设计规范是采用防消结合的办法，相关的防火规范是《建筑设计防火规范》（GB 50016—2014）。

燃烧性能指组成建筑物的主要构件在明火作用下，燃烧与否以及燃烧的难易程度。按燃烧性能建筑构件分为不燃烧体（用不燃烧材料制成）、难燃烧体（用难燃烧材料制成或带有不燃烧材料保护层的燃烧材料制成）和燃烧体（用燃烧材料制成）。

耐火极限是指建筑构件遇火后能够支持的时间。对任一构件进行耐火试验，从受到火的作用起，到失去支持能力、或完整性被破坏、或失去隔火作用，达到这三条任何一条时为止的这段时间，用小时表示，就是这个构件的耐火极限。

组成各类建筑物的主要结构构件的燃烧性能和耐火极限不同，建筑物的耐火极限和耐火等级也不同。对建筑物的防火疏散、消防设施的限制也不同。建筑物的耐火等级根据它的主要结构构件的燃烧性能和耐火极限，划分为一、二、三、四4个耐火等级。

**3. 按耐久年限分四级**

根据建筑主体结构的耐久年限分以下四级：

（1）一级耐久年限，100年以上，适用于重要的建筑和高层建筑。

（2）二级耐久年限，50～100年，适用于一般性建筑。

（3）三级耐久年限，25～50年，适用于次要建筑。

（4）四级耐久年限，15年以下，适用于临时建筑。

# 5.2 民用建筑的构造组成

一般的民用房屋主要由基础、墙或柱子、楼地层、楼梯、屋顶、门窗等几部分组成。图 5-1 是一民用建筑的剖视图。

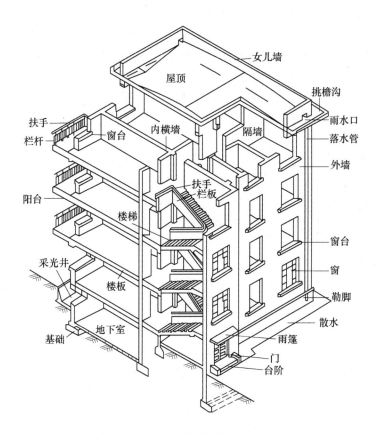

图 5-1 民用建筑的构造组成

## 1. 基础

基础是建筑物埋在地下的放大部分。基础最终承受建筑物所有的荷载并把这些荷载传给地基土。因此，基础是建筑物的重要组成部分，应该坚固、稳定、耐地下水及所含化学物质的侵蚀，经得起冰冻。

## 2. 墙与柱

墙（或柱子）是建筑物的垂直承重构件，承受楼板层和屋顶传来的荷载并传给基础。建筑物的外墙同时也是围护结构，阻隔雨水、风雪、寒暑等自然现象对室内的影响；内墙把室内空间分隔成不同的房间，避免相互干扰，这是墙体的分隔作用。

墙与柱应该坚固、稳定。墙还应能够保温（隔热）、隔声、防水等。

**3. 楼板层**

楼板层是建筑物的水平承重构件，承受楼面荷载并传给墙或柱子，包括楼板、地面和顶棚三部分。除承重外，楼板在垂直方向上把建筑空间分成若干层，起到分隔空间的作用；同时，楼板对墙体的稳定性也起到支撑作用。

楼板层应具有一定的强度和刚度，并应耐磨、隔声。

**4. 楼梯**

楼梯是建筑物联系上下各层的垂直交通设施。除了平时供人们上下楼使用外，在地震、火灾等紧急状态，供人们紧急疏散。因此，建筑物的高度不同，对疏散要求不同，楼梯的防火等级、防火性能以及与之相适应的构造处理也不同。

楼梯应坚固、安全，有足够的通行能力，坡度要合适。

**5. 屋顶**

屋顶是建筑物顶部的承重和围护结构，由屋面、承重结构和保温（隔热）层三部分组成。屋面的作用是阻隔雨水、风雪对室内的影响，并将雨水顺利排除。承重结构则承受屋盖的全部荷载并传给墙或柱子。保温（隔热）层的作用是防止冬季室内热量的散失（或夏季太阳辐射热进入室内），使室内有一个相对稳定的热环境。

屋顶应能防水、排水、保温、隔热，它的承重结构应有足够的强度和刚度。

**6. 门与窗**

门是供人和家具设备进出建筑物及其房间的建筑配件。紧急状态要经过门进行紧急疏散，同时，还兼有采光和通风的作用。门应坚固、隔声，并有足够的宽度和高度。

窗的作用是采光、通风、供人眺望。窗应有合适的、足够的面积。

外墙上的门窗还应防水、防风沙、保温、隔热。

建筑物除以上六大部分构造组成外，还有其他一些配件和设施，如雨篷、散水、通风道、烟道、垃圾道、壁柜、壁龛等，也是建筑物必不可少的组成部分。

# 5.3 建筑的标准化与模数协调

## 5.3.1 建筑工业化与标准化

为了适应经济建设的需要，加快工程项目的建设周期，实现建筑业的工业化，就必须改变传统的分散式、手工式的生产方式，用集中的、大工业的生产方式进行生产。建筑工业化是指用现代工业的生产方式来建造房屋。建筑工业化包括三个方面的内容：建筑设计的标准化、构配件生产的工厂化、建筑施工的机械化。再加上墙体的改革，称为"三化一改"。像大板建筑、滑模施工、升板建筑、砌块建筑、盒子建筑等形式，在一定程度上提高了施工速度，是建筑工业化的有益探索，要达到真正意义上的建筑工业化，显然这些还很不够，需要进一步探讨、革新。

建筑设计的标准化是建筑工业化的前提，建筑标准化包括两个方面：一是建筑设计的标准问题，也就是制定各种各样的建筑法规、规范、标准、定额与指标，使建筑设计有标准可依；二是建筑的标准设计问题，也就是根据上述各项设计标准，而设计出通用的建筑构件、配件、单元甚至标准房屋，以供选用。

### 5.3.2 建筑模数协调

要达到设计的标准化，实现建筑工业化，就必须使建筑构配件、组合件具有较大的通用性和互换性。建筑模数是建筑设计、建筑施工、建筑材料与制品等各部门进行尺度协调的基础。为此，我国制订了《建筑模数协调标准》（GB/T 50002—2013），规定了模数和模数协调原则。

**1. 建筑模数**

（1）基本模数和导出模数　基本模数是建筑模数协调中所选用的基本尺寸单位。基本模数的数值为 100mm，用 M 表示，即 1M = 100mm。

导出模数分为扩大模数和分模数。

扩大模数是基本模数的整数倍，基数有 3M、6M、12M、15M、30M、60M，相应的尺寸为 300mm、600mm、1200mm、1500mm、3000mm、6000mm；分模数是整数除基本模数的数值，基数有 $\frac{1}{10}$M、$\frac{1}{5}$M、$\frac{1}{2}$M，相应的尺寸为 10mm、20mm、50mm。

（2）模数数列及其适用范围　模数数列是以选定的模数基数为基础而展开的数值系统，以确保不同类型的建筑物及其各组成部分间的尺寸统一协调；如 3M 数列有：300mm、600mm、900mm、1200mm、1500mm。

不同数列的适用范围不同，如分模数主要用于缝隙、构造节点、构配件截面等处，扩大模数主要用于开间与进深、柱距与跨度等较大尺寸的协调。在模数协调标准中规定了各种模数数列的适用范围。

**2. 模数协调**

建筑模数协调，主要是建筑物及其构配件，与组合件以及建筑物装备之间和它们自身的模数尺寸协调。其中定位是协调的基础之一，建筑中是把建筑放在模数化的空间网格中，运用定位线和定位轴线进行定位的。

## 小　　结

1. 建筑是指建筑物与构筑物的总称，是人为创造的社会生活环境，直接供人使用的建筑称为建筑物，不直接供人使用的建筑称为构筑物。

2. 建筑功能、建筑技术和建筑形象构成建筑的三个基本要素。

3. 建筑按照使用功能分为居住建筑和公共建筑，按规模和数量大小分为大量性建筑和大型性建筑，按层数分为低层、多层、中高层和高层建筑。建筑按耐火等级分类分为四级，依据是耐火极限和燃烧性能。按建筑的耐久年限分类同样分为四级，依据是主体结构的耐久年限。

4. 建筑物要满足适用、安全、经济、美观的要求。

5. 一座建筑物主要是由基础、墙或柱、楼板层及地坪层、楼梯、屋顶及门窗等六大部分所组成。

6.《建筑模数协调标准》（GB/T 50002—2013）是为了实现建筑工业化大规模生产。包括建筑模数、基本模数、导出模数。

## 绘 图 题

试绘简图表示房屋有哪些主要组成部分？并讨论各部分的作用是什么？

## 实 训 题

注意观察学校教学楼或宿舍楼的结构组成，说出各组成部分的名称。

# 第 **6** 章

# 基础与地下室

## 6.1　地基与基础

### 6.1.1　地基和基础的概念

基础是建筑物的组成部分，它是承重构件，承受建筑物的全部荷载，并将其传给地基。

基础直接与下面的土层接触，其作用是承受房屋的荷载（包括房屋的自重以及房屋内部的人、家具、设备，屋顶的积雪、房屋受到的风荷载等所有荷载），并把荷载传给它下面的土层。可以看出，建筑物的基础是很重要的。

地基不是建筑物的组成部分，它只是承受基础传来的建筑物全部荷载的土壤层。建筑的所有荷载最终都通过基础传给了地基土来承受，地基土层必须有足够的承载能力。地基和基础共同保证建筑物的坚固、耐久、安全。

尽管地基对建筑的正常使用十分重要，但地基不是建筑物的组成部分。

地基在保持稳定的条件下，每平方米所能承受的最大垂直压力称为地基的承载力（或叫地耐力）。当基础传来的荷载超过地基承载力时，地基将出现较大的沉降变形、滑动甚至破坏。一般应该将基础与地基接触部分的尺寸扩大，尽量扩大基础的底面积，也就是扩大建筑物与地基土的接触面积，以减小地基单位面积上所受到的压力，使之保持在地基承载力的允许范围之内，才能保证房屋的使用安全。这就是我们所说的基础的"大放脚"。

地基在荷载作用下会产生应力和应变，并随土层深度的增加而减少。地基中压力需要计算的那部分土层称为持力层。持力层以下的那部分土层称为下卧层。

### 6.1.2　地基的分类

建筑物的地基是支撑基础的土体或岩体，由各种各样的地基土组成。这里所说的"土"

是广义的一个概念。

地基土可分为岩石、碎石土、砂土、粉土、黏性土和人工填土等。

岩石土根据粒径大小又分块石（或漂石）、碎石（或卵石）、角砾（或圆砾）等。

砂土根据粒径大小又分砾砂、粗砂、中砂、细砂和粉砂。

黏性土根据塑性指数的大小又可分为黏土和粉质黏土。

粉土是界于砂土和黏土之间的地基土，是一种最为常见的地基土类型。

人工填土根据组成及其成因可分为素填土、杂填土、冲填土。

根据地基土的情况，地基可分为天然地基和人工地基两大类。

天然地基是指天然土层具有足够的地基承载力，不需经人工改良或加固就可以直接在上面建造建筑物的地基。上述岩石、碎石土、砂土、粉土和黏性土等，一般情况下都可以作为天然地基。

人工地基是指地基土层的承载力较差，无法直接在上面建造建筑物，而必须经过人工加固才能在上面建造建筑物的地基。如杂填土、冲填土、淤泥或其他高压缩性土层。人工加固地基的方法有很多种，如压实法、换土法、挤密法、排水固结法、化学加固法、加筋法、热学法、桩基础等。常用的有压实法、换土法、挤密法和桩基础。

另外，所说的天然地基或人工地基，都是相对而言的，它与上部的荷载有很大关系。比如，建造一座多层或低层建筑时，因上部荷载不大而不需要人工加固地基，此时的地基称为天然地基；如果建造的是高层建筑，地基可能就需要进行人工加固，这时就成了人工地基。

## 6.2　基础的类型、材料与构造

基础是将结构所承受的各种作用传递到地基上的结构组成部分。根据分类方法的不同，基础有多种类型。

基础按照所用的材料及受力特点分，有刚性基础（无筋扩展基础）和柔性基础（扩展基础）两种类型。刚性基础包括砖基础、毛石基础、混凝土基础、灰土基础、三合土基础等。柔性基础指钢筋混凝土基础。基础按照构造形式分，有条形基础、独立基础、整片基础（满堂基础）、桩基础等。

### 6.2.1　按基础的材料及受力特点分类

#### 6.2.1.1　刚性基础

通过试验得知，凡是用抗压强度高而抗拉、抗剪强度低的材料砌筑的基础，比如砖基础，都有具有共同特征，它们的破坏是有一定规律的，总是沿一定角度 $\alpha$ 破坏（图 6-1），只不过材料不同 $\alpha$ 角也不相同。这个角度 $\alpha$ 称为刚性角，并存在下面的关系：基础挑出的宽度 $b_2$ 与高度 $H_0$ 的比值是刚性角 $\alpha$ 的正切值（$\tan\alpha$），即

$$\tan\alpha = b_2/H_0$$

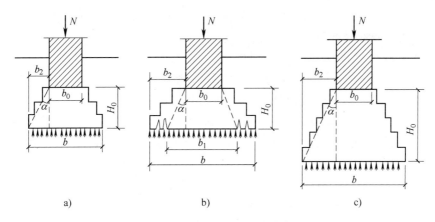

图 6-1　刚性基础的受力特点

凡是受到刚性角限制的基础就叫做刚性基础，也称大放脚基础。

换句话说，所有的刚性基础都要受刚性角 $\alpha$ 的限制，要想增加刚性基础的底面积，就要增加基础的挑出宽度，而要想增加宽度就必须相应地增加基础的高度，否则，刚性基础就会因底部受拉而破坏。随着基础高度的增加，基础的埋置深度也增加，这样，土方量、人工费、工程造价也随之而增加。因此刚性基础的使用就有一定局限性。

工程中就是通过控制基础的宽高比来控制刚性角 $\alpha$ 的。

**1. 砖基础**

砖基础取材容易，价格低廉，但砖的强度、耐久性、耐水性、抗冻性都比较差。一般用于地基土质好、地下水位低的低层和多层砖木结构和砖混结构的墙承重式建筑。

砖基础的构造见图 6-2。砖基础的大放脚应砌筑成台阶式逐级放大，工程中有两种砌筑方法，都能满足刚性角的限制。一是采用每二皮砖挑出 1/4 砖和一皮砖挑出 1/4 砖相间砌筑（图 6-2a）；二是采用每二皮砖挑出 1/4 砖（图 6-2b）。基础砌筑前在基槽底部先铺 20mm 厚砂垫层。

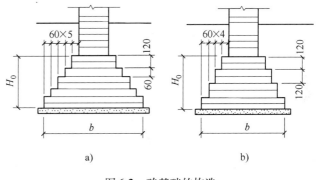

图 6-2　砖基础的构造

**2. 毛石基础**

毛石基础是用中部厚度不小于 150mm 的未经加工的块石和水泥砂浆砌筑而成。由于石材强度高、抗冻、耐水性好，水泥砂浆也是耐水材料，毛石基础可用于地下水位较高、冻土深度较深地区的低层和多层建筑。用于取材较近地区的工程时，其造价也比砖基础低。

毛石基础多为阶梯形截面。当基础底面宽度 $b \leqslant 700\text{mm}$ 时，可以做成矩形截面。
毛石基础的构造见图6-3。

**3. 混凝土基础**

混凝土基础坚固耐久，耐水性、抗冻性也好，刚性角也最大（$\alpha = 45°$），常用于有地下水和冰冻作用的建筑物基础。

混凝土基础的截面有矩形、阶梯形，当底面宽度 $b \geqslant 2000\text{mm}$ 时还可以做成锥形。锥形断面能节约混凝土的用量，从而减轻基础自重。

有时为节省混凝土，常常在混凝土中加入粒径 $\leqslant 300\text{mm}$ 的毛石，这种混凝土称为毛石混凝土。毛石混凝土基础所用毛石尺寸不得大于基础宽度的 1/3，毛石体积占全部基础总体积的 20% ～30%，并且必须均匀分布。

混凝土基础的构造见图6-4。

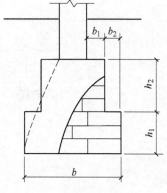

图6-3　毛石基础的构造

**4. 灰土基础和三合土基础**

灰土基础是指在砖基础下的灰土垫层作为基础的一部分考虑，并把它的承载力计算在内（图6-5），这样可以节省一部分砌体材料。完全用灰土是无法做基础的，三合土基础也是这个道理，是指砖基础下的三合土垫层考虑其承载力的基础。

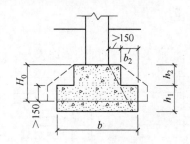

图6-4　混凝土基础的构造

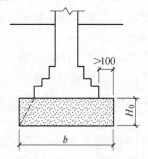

图6-5　灰土基础的构造

灰土是由石灰和黏土加适量水拌和夯实而成的。根据石灰和黏土的体积比不同有三七灰土和二八灰土。施工时灰土每层虚铺 220mm，夯实后厚度在 150mm 左右，为一步，建筑物的上部荷载不同可选用不同的步数。

三合土是由石灰、砂、集料（碎砖或石子）按一定体积比（一般为 1:3:6 或 1:2:4）加水拌和夯实而成的。做法与灰土也基本相同，或者采取先铺集料，再撒石灰和砂的拌和物，后灌水浸实的方法施工。

灰土基础与三合土基础尽管可节省砖砌体，但抗冻性、耐水性差，只能用于地下水位以上、冻结深度以下。现在一般用得较少。

### 6.2.1.2　柔性基础

刚性基础（无筋扩展基础）受刚性角的限制，这是由于刚性基础本身的材料所决定的。如果基础采用抗压、抗拉、抗剪和抗弯能力都很强的材料，就不会受到刚性角的限制，基础即使要做得底面积较大，高度也不会太大，这种基础就称为柔性基础。

柔性基础一般是指用钢筋混凝土制作的基础。钢筋和混凝土联合工作，利用钢筋承受拉力，基础就可以承受剪力和弯矩。钢筋混凝土基础的受力较为合理，可以做得比较薄，又称为扩展基础（图6-6）。钢筋混凝土基础下一般要做 70 ~100mm 厚的混凝土垫层。

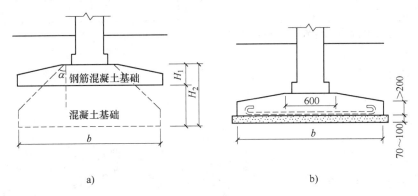

a)　　　　　　　　　　　　　b)

图 6-6　钢筋混凝土基础

## 6.2.2　按基础的构造形式分类

### 1. 条形基础

条形基础呈连续的带状，因此又叫带形基础。

条形基础一般是用在墙体承重结构的墙下，砖混结构的中小型建筑常用刚性基础，地基软弱时也可采用钢筋混凝土基础；剪力墙结构的高层建筑一般用钢筋混凝土条形基础。当地基土比较软弱时，骨架承重结构的柱下也可以采用条形基础。

条形基础的构造形式见图6-7。

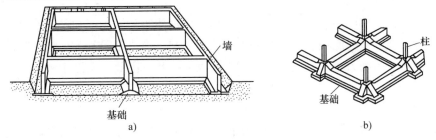

a)　　　　　　　　　　　　　b)

图 6-7　条形基础

a）墙下条形基础　b）柱下条形基础

**2. 独立基础**

独立基础呈柱墩形，因此又叫单独基础（图6-8）。

独立基础一般是用在柱下，称柱下独立基础。墙下独立基础较少，只有当基础需要埋得很深，而大面积开挖基槽不经济，或因受相邻建筑物的影响等因素无法大面积开挖时，可做成独立基础，在基础上放基础梁，然后在基础梁上砌筑墙体。

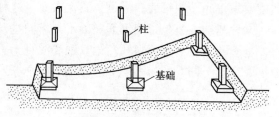

图6-8　独立基础

**3. 整片基础**

整片基础包括筏式基础和箱形基础两种类型（图6-9）。

筏式基础简称筏基，也叫满堂基础、片筏基础。筏式基础一般用在墙下，也可用在柱下。

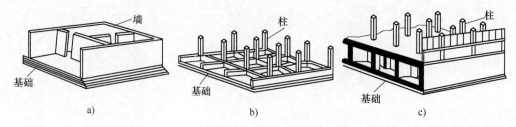

图6-9　整片基础

a）板式筏基　b）梁板式筏基　c）箱形基础

筏式基础因底面积较大，所以比条形基础的承载力要高一些，一般用于地基相对比较软弱的建筑物。它就像倒着放的楼盖，有板式和梁板式之分。板式筏基板面平整，尤其利用筏基作为地下室的底板时较为有利，但板厚较大；梁板式筏基受力合理，但板面上有梁，如果用作地下室的地面时需进行处理。

如果把基础用钢筋混凝土浇筑成箱子的形式，由底板、顶板和侧墙组成，这样的基础就叫箱形基础。箱形基础内部空间可用作地下室。

对于高层建筑，基础一般需要埋得较深，为了增加建筑物的刚度和稳定性，提高基础的承载力，可以将地下室的底板、顶板和侧墙浇注在一起，形成箱形基础。箱形基础与筏式基础相比，无论它的承载力还是抵抗变形的能力都大大提高，因此，箱形基础一般用于荷载较大的高层建筑。

**4. 桩基础**

当建筑物的上部荷载很大，并且地基土的上部软弱土层很厚，如果将基础埋在软弱土层不能满足要求，而如果对软弱土层进行人工处理又有困难或者不经济时，建筑的基础可以考虑采用桩基础的形式。

桩基础可以节省基础材料，减少土方工程量，改善工人的劳动条件，缩短施工工期。尤其严寒地区在冬期施工，能省去开挖冻土的繁重劳动。但桩基础的造价相对较高。

　　桩的种类很多，按材料分为木桩、钢筋混凝土桩、钢桩等，目前大多采用钢筋混凝土桩；按断面形式分为圆形、方形、环形、六边形、工字形等，圆形桩用得较多；按入土方法不同分为打入桩、振入桩、压入桩、灌注桩。前三种一般是钢筋混凝土预制桩，灌注桩又分振动灌注桩、钻孔灌注桩、爆扩灌注桩。按传力的方式不同分为端承桩和摩擦桩两种形式。

　　通过桩尖将上部荷载传给较深坚硬土层的桩基础称为端承桩。端承桩适用于表层软弱土层不太厚而下部就是坚硬土层的地基情况，见图 6-10a。

　　主要通过桩与四周土层的摩擦力传递荷载的桩基础称为摩擦桩。摩擦桩适用于表层软弱土层较厚而坚硬土层相对较深的地基情况，见图 6-10b。

　　钢筋混凝土预制桩在工厂或施工现场预制，然后通过机械打入、压入、振入土中。预制桩制作简便，容易保证质量，承载力大，不受地下水位变化的影响，耐久性好，但自重大，运输吊装不便，施工时有较大振动和噪声，在市区对周围房屋有一定影响，并且造价也较高。

　　振动灌注桩是将端部带有活瓣桩尖或预制桩尖的钢管通过机械沉入土中，至设计标高后，边灌注混凝土边慢慢

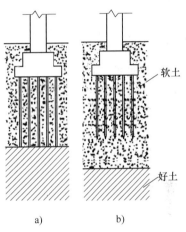

图 6-10　桩基础示意图
a）端承桩　b）摩擦桩

拔出钢管，同时边锤击或振动钢管使混凝土密实，混凝土在孔中形成桩。桩的直径一般为 300mm。振动灌注桩的优点是造价较低，根据地质情况桩顶标高容易控制，但施工时会产生噪声和振动。

　　钻孔灌注桩是使用钻孔机械在桩位上钻孔，取出孔中的土，然后在孔中灌注混凝土，形成混凝土灌注桩。如果在孔中先放入钢筋骨架再灌注混凝土，就成为钢筋混凝土灌注桩。为了增大桩端的阻力，钻孔到设计标高时，利用扩孔刀具加大底部直径，灌注混凝土后成为带扩大桩端的灌注桩，这种桩称为扩底灌注桩（图 6-11）。钻孔桩的优点是振动和噪声较小，施工方便，造价较低，对周围房屋没有影响，如果装上钻冻土的钻头，冬期也可以施工，因此，这种桩被广泛采用。但钻孔灌注桩桩尖处的虚土不易清除，会对桩基的承载力有所影响。

　　爆扩灌注桩简称爆扩桩。其成孔方法有两种：一种是用人工或钻机成孔；另一种是先钻一细孔，在细孔内放入药条（装有炸药的塑料管）引爆成孔。然后用炸药爆炸扩大孔底，灌注混凝土，形成灌注桩（图 6-12）。因为爆扩桩有球状扩大桩端，所以它的承载力较高，施工也不复杂，但炸药爆炸对周围房屋有一定影响，市区内受限制，并且使用炸药也有事故危险。

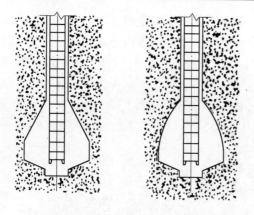

图 6-11　扩底灌注桩的扩大桩端

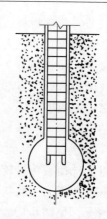

图 6-12　爆扩桩的扩大桩端

　　桩的布置与上部结构的承重方式以及荷载的大小等因素有关。当上部为墙体承重方式时，墙体下的桩成排布置，可以是单排，也可以是双排；当上部为骨架承重时，柱子下的桩可以是单根，但一般是对称的多根。桩距由计算确定，但不得小于 3 倍的桩径或边长，扩底桩不宜小于 1.5 倍扩底直径。桩到承台边缘的距离不小于 0.5 倍桩径或边长。桩的布置见图 6-13。

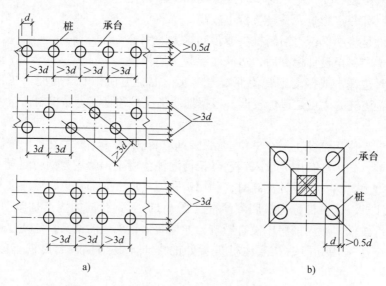

图 6-13　桩的布置示意图

a）墙下桩基　b）柱下桩基

　　桩的顶部要设置钢筋混凝土承台，用来支承上部结构。承台内的配筋要经过结构计算，并应满足上部结构的要求。桩的顶部应嵌入承台内，嵌入深度不宜小于 50mm；若桩主要用于承受水平力时，嵌入深度不宜小于 100mm。

# 6.3　影响基础埋置深度的因素

所谓基础的埋置深度，是指由室外设计地面到基础底面的垂直距离。

根据基础埋置深度的不同，基础可以分为深基础和浅基础。一般认为，基础的埋置深度不超过 5m 时称为浅基础，超过 5m 属于深基础。

从工程造价的角度来看，基础的埋置深度越小越好，但实际上也不能过浅，以防止地基受到压力后把四周的土挤走，导致基础失稳而引起建筑物的破坏。另外，地表的土层有大量的植物根茎等易腐物质或垃圾类的杂填土，又受雨雪、寒暑等自然因素的影响较大，也会因机械碰撞等因素而"扰动"，这些都是过于浅埋时的不利因素。因此，基础的埋置深度一般不应小于 500mm（图 6-14）。

影响基础埋置深度的因素有很多种。建筑物是否有地下室，地下的设备基础和地下设施情况，上部荷载的大小，基础的形式和构造等，都会影响基础的埋置深度。当上部的结构确定后，主要考虑下面几个因素的影响。

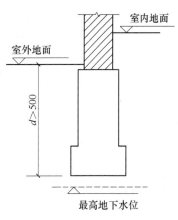

图 6-14　基础的埋置深度

## 6.3.1　地基土层构造的影响

建筑物必须建造在坚实可靠的地基土层上，不能建造在承载力低、压缩性高的软弱土层上。基础的埋置深度与土层构造的关系有六种典型的情况（图 6-15）。

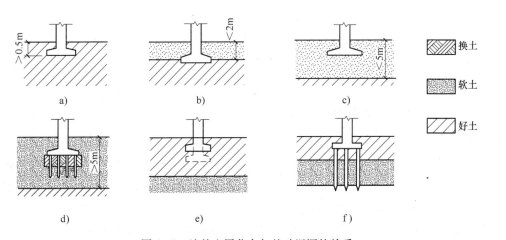

图 6-15　地基土层分布与基础埋深的关系

（1）地基土由均匀的、压缩性小、承载力高的好土构成，基础尽量浅埋，见图 6-15a。

（2）地基土上层为软土，下层为好土，且软土厚度在 2m 以内时，基础应尽量埋在下层好土上，见图 6-15b。

（3）地基土上层为软土，下层为好土，软土层厚度为 2~5m 时，上部荷载小的建筑物基础尽量争取浅埋，但应加强上部结构，加大基底面积，必要时对地基进行加固；上部荷载大的建筑物的基础一般埋在下层好土层上。见图 6-15c。

（4）地基土上层为软土，下层为好土，软土层厚度超过 5m 时，上部荷载小的建筑物基础尽量浅埋，必要时加强上部结构，增大基底面积；上部荷载大的建筑物，究竟是埋在好土层上还是采用人工地基，要经过经济比较分析后再确定。见图 6-15d。

（5）地基土上层为好土，下层为软土，如果好土层有足够的厚度，此时的基础应该争取浅埋，同时对地基土的下卧层进行验算，见图 6-15e。

（6）地基土由好土和软土交替组成，对于荷载小的建筑物在不影响下卧层的情况下尽量浅埋于好土内；荷载大的建筑物可采用人工地基或桩基础，见图 6-15f。

## 6.3.2 地下水位的影响

地基土的含水量会影响它的承载力。比如黏性土随着含水量的增加，会导致体积膨胀、承载力下降。

在一年当中因各季节雨量不同，地下水位的高低也不同，房屋的基础如果埋在含水量有变化的地基土层内，对房屋的使用安全和寿命将带来不利影响。同时，地下水对基础施工也会带来一定的困难。因此，房屋的基础应该争取埋在最高地下水位线以下。

如果该地区的地下水位很高，而建筑物的基础又不得不埋得较深时，必须避开地下水位变化的范围，索性将基础埋在最低地下水位线以下不小于 200mm 的土层内（图 6-16）。这时基础要选用有良好耐水性的材料，比如毛石、混凝土、毛石混凝土、钢筋混凝土等。

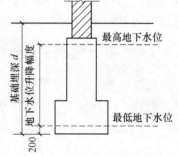

图 6-16 地下水位较高时的基础埋深

## 6.3.3 土的冻结深度的影响

土的冻结深度，主要与当地的气候有关。

在季节性冰冻地区，如果房屋的地基土属于冻胀性土，冬天由于地基土的冻胀而将整个房屋拱起，解冻后房屋又将下沉。冻结与融化又是不均匀的，房屋各部的受力也是不均匀的，这都会对房屋的稳定性产生破坏（也就是冻害）。

冬季室外气温低的严寒、寒冷地区，土的冻结深度大。土的冻结是由土中的水分冻结造成的。水分冻结成冰体积膨胀，土随之而体积膨胀，膨胀的大小跟土中水分的多少以及土的颗粒大小有关。同样颗粒的土，含水率高的体积膨胀大；同样含水率的土，颗粒大的体积膨胀反而小（如岩石、砂土等）。按冻胀性地基土分为不冻胀土、弱冻胀土、冻胀土和强冻胀土。

为避免房屋受到冻害的影响，建造在冻胀性土地基上的建筑物，基础底面应埋置于冰冻深度以下不小于200mm，见图6-17a。有时依据地基土的冻胀性类别、房屋采暖情况、室内外高差等条件，也可将基础埋在等于或小于冻结深度的土层内，见图6-17b、c，具体要经过计算确定。

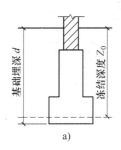 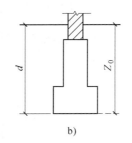 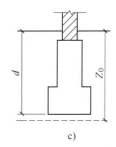

图6-17 土的冻结深度与基础埋深
a）基础埋深大于冻深 b）基础埋深等于冻深 c）基础埋深小于冻深

对于不冻胀土地基中的基础，埋置深度不受冻结深度的影响。

### 6.3.4 相邻建筑物基础的影响

贴邻原有建筑物建造新的建筑物时，不能影响原有建筑物的安全。

为防止原有建筑物基础下地基土的扰动破坏，保证原有建筑物的安全，新建房屋基础的埋置深度，应小于原有房屋基础的埋置深度。当新建建筑物的基础不得不埋得较深时，新建建筑物的基础必须离开原有建筑物的基础一定的净距离（图6-18）。这个距离一般为这两个相邻基础的底面高差的 $1 \sim 2$ 倍，即

$$L \geqslant (1 \sim 2) \Delta d$$

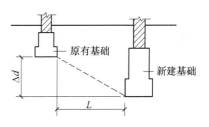

图6-18 相邻基础的影响

## 6.4 地下室及其防潮与防水构造

处在地下的房间称为地下室，处在半地下的房间称为半地下室。地下室可以增加一些使用空间，提高建筑空间的利用率，尤其是对于基础本身需要埋得较深的高层建筑，投资相对增加不多，利用地下室可作为车库、设备用房或库房等，见图6-19。

地下室按照其功能不同划分，有普通地下室和人防地下室。人防地下室是指专门设置的战争期间人员隐蔽防御的工程，除了有一定厚度，坚固耐久外，还应有防止冲击波、毒气以及射线侵袭的特殊构造。同时，人防地下室应考虑和平时期的利用，做到平战结合。普通地下室指没有防空功能的普通地下室。

地下室按照构造形式划分，有全地下室和半地下室。全地下室是指地下室的顶板标高低于室外地坪，无法开高窗采光通风，或者开窗时只能设采光井。人防地下室大多为全地下室。半地下室则是指地下室的顶板标高高于室外地坪，侧墙上可以开设高侧窗采光通风，改善室内的使用条件。普通地下室常采用这种形式。

图 6-19　地下室

地下室一般由墙、底板、顶板、门和窗、采光井等部分组成（见图 6-20）。

地下室的外墙和底板都埋在地下，常年受到土中的水分以及地下水的侵渗，如果不采取相应的构造措施，可能会导致室内墙体抹灰脱落、墙体霉变，室内空气潮湿，致使储存的物品因受潮而霉变，严重时地下水渗进室内，影响地下室的正常使用。很显然，地下室需要有能够防止受潮进水的构造措施。具体的构造做法，要根据地下水位的高低而定。

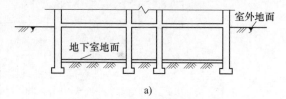

a)

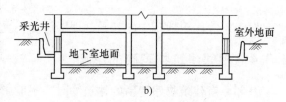

b)

图 6-20　地下室的构造组成
a）全地下室　b）半地下室

当最高地下水位低于地下室地面，土壤中又没有形成滞水，地下室的外墙和底板是受土壤中的毛细管水的作用，这些水分属于无压水，只需要做防潮处理。

所谓滞水是指因土壤的透水性较差，雨水等地面水无法较为迅速地渗透到地下而暂时积存在地基土中，也属于无压水，但量要比毛细管水大。

当地下水位常年高于地下室的地面，地下室的侧墙和底板受到有压水的作用时，在构造措施上必须做防水处理。

## 6.4.1　地下室的防潮

地下室的防潮处理相对简单。一般是在外墙的外侧做防潮层，常常采用涂刷热沥青防潮层的做法。因地下室的底板为钢筋混凝土材料，具有一定的抗渗性，只要施工中注意增加它的密实性，可不再考虑防潮构造。

侧墙防潮层的具体做法是先抹 20mm 厚水泥砂浆，然后刷冷底子油一道、热沥青两道。同时，在地下室的底板和顶板处，还应该做墙身水平防潮层各一道。

建筑物周围的回填土，在防潮层的外侧应用弱透水性土（如黏土、灰土等）回填层夯实，宽度不小于 500mm，以减少水向地下室外墙的渗透，称为隔水层。

地下室的防潮处理见图 6-21。

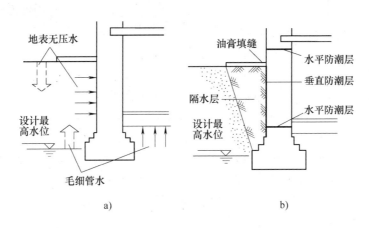

图 6-21　地下室的防潮处理

a）毛细管水和无压水　b）防潮处理

## 6.4.2　地下室的防水

地下室的防水构造，根据地下室墙体材料的不同，一般有卷材防水和钢筋混凝土构件自防水两种措施。

砌体结构的地下室（比如砖墙），抗渗性差且不宜受潮，一般采用卷材做防水层。

钢筋混凝土结构的地下室，若墙体也是钢筋混凝土材料，可以通过提高混凝土自身的密实性达到防水的目的，称为构件自防水。

对于防水要求较高的建筑物，可以在构件自防水的外侧再附加卷材防水层，以确保防水的效果。底板的防水做法与地下室外墙的防水做法应该是一致的，要么都是卷材防水，要么都是构件自防水，或者是构件自防水外加卷材防水。

**1. 卷材防水**

地下室的卷材防水根据防水层所处的位置不同分为外防水和内防水（图 6-22）。

外防水指防水层粘贴在地下室结构层的外侧，处于迎水面上，防水效果较好，一般采用较多。内防水指防水层粘贴在地下室结构的内侧，处于背水面，防水效果较差，但便于施工、修补，常用于修缮工程。

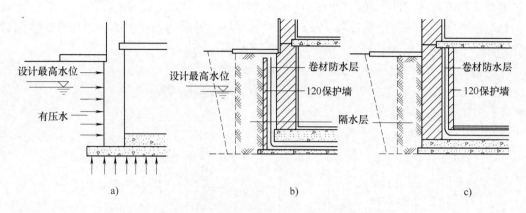

图 6-22　地下室卷材防水构造

a）有压地下水　b）卷材外防水　c）卷材内防水

对于普通防水卷材防水层的层数，是根据地下水位的最大计算水头（指最高设计地下水位高于地下室底板下皮的高度）来确定的。最大计算水头≤3m 时用三层卷材（即三毡四油）；最大计算水头为 3～6m 时用四层卷材；6～12m 时用五层；＞12m 时用六层。采用性能好的防水卷材时层数可适当减少。

外防水的防水层施工时，在地下室外墙表面抹 20mm 厚 1∶3 水泥砂浆找平层，在找平层上粘贴卷材，并保证卷材高度高出最高水位 300mm。在防水层外要砌半砖厚的保护墙，保护墙与防水层之间的缝隙用水泥砂浆填实，以保证保护墙与防水层接触良好。外防水的保护墙下干铺油毡一层，沿长度方向每隔 5～8m 设通高的垂直断缝，保证保护墙在土的侧压力下紧紧压向防水层。

墙身上的垂直防水层与地下室底板的水平防水层在转角部位的交接，必须牢固可靠，确保防水效果，处理不当将导致渗漏。

**2. 构件自防水**

当地下室的墙体采用钢筋混凝土结构时，可以与底板一起采用防水混凝土浇筑，使构件同时具有承重、围护、防水三种功能。

因为混凝土本身的防水性能比较好，可以采用改善混凝土的级配、适当延长振捣时间等措施，提高混凝土的密实性和抗渗性，或者在混凝土中添加外加剂，制成防水混凝土。构件自防水与在其外做卷材防水层相比，造价较低，施工简便。

为保证混凝土的抗渗效果，防水混凝土墙和底板的厚度不能太薄，一般墙的厚度应不小于 250mm，板的厚度应不小于 150mm。

一般应在混凝土外墙上抹水泥砂浆后，涂刷热沥青两道，以防地下水的侵蚀。

地下室钢筋混凝土构件自防水的构造见图 6-23。

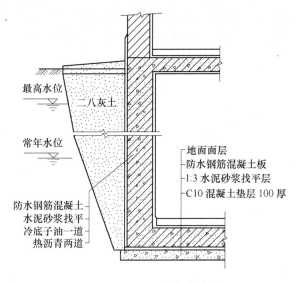

图 6-23　地下室构件自防水构造

# 6.5　管道地沟与管道穿基础

## 6.5.1　管道地沟

在民用建筑中，无论采暖管道还是给排水管道，进户干管均须埋地敷设，对环境质量要求较高的高级建筑物，电缆进户线也应埋地敷设。各种埋地敷设的工程管线，或直埋或管沟敷设，为便于维修采暖管道常常采用管道地沟敷设的方式。

管道地沟由底板、侧墙和盖板组成。底板一般为水泥砂浆砌砖或浇注混凝土，土质较好的也可直接砌筑侧墙。侧墙一般采用水泥砂浆砌砖，盖板为预制钢筋混凝土盖板。

管道敷设的方式根据地沟而定。对于不通行地沟，一般沿板底敷设，并在管道接口处用混凝土支座加以支撑，电缆可用支架沿沟壁敷设。对于半通行或通行式地沟，管道一般沿沟壁敷设于管道支架上，以便于维修。

## 6.5.2　管道穿基础

供热采暖管道、室内给排水管道以及电气管线进户时，都会与建筑物的基础和基础墙有关系。

采暖系统的供热水平干管和回水水平干管，一般通过采暖地沟的形式敷设，管道须穿过建筑物的基础或者基础墙。有时也采用架空敷设的形式，但管道在室外纵横交错，这种形式会影响外部环境，因而民用建筑多用于改造工程，工业建筑却可以采用这种形式。室外给水排水管网都埋在地下，通向室内的给水干管和房屋通向室外的排水干管，也必须穿过房屋外墙的基础或基础墙。电气管路的进户线采用埋地电缆穿管施工时，也要穿越建筑物的基础墙。

管道穿基础或基础墙时，应按施工图纸上标注的管道平面位置及标高，在基础施工时，预埋管道套管或预留装设管道的孔洞。混凝土和钢筋混凝土结构一般是埋设套管；砌体结构则预留孔洞。

预留孔洞尺寸见表 6-1。

表 6-1　管道穿基础预留孔洞尺寸与管径的关系

| 管径 $d$/mm | 50~75 | 100 |
| --- | --- | --- |
| 预留洞尺寸（宽×高）/（mm×mm） | $300 \times 300$ | $(d+300) \times (d+200)$ |

当预留孔洞的尺寸较大时，应在其上部设置过梁，将上部荷载传至两侧墙体。敷设管道后周围的缝隙，用黏土填实，两端用 1∶2 水泥砂浆封口，见图 6-24a；或者先封堵沥青麻丝，再抹石棉水泥，最后两端用 1∶2 水泥砂浆封口。

要尽量避免管道从基础下面穿过，因为管道敷设时会使原始状态的地基土变得疏松，必须经过处理后才能施工基础。但这种情况有时也是难以避免的，比如基础的埋置深度很小而管道的埋置深度却很深时，管道就不得不从基础下进入室内，见图 6-24b。

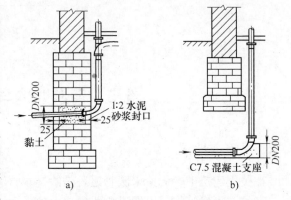

图 6-24　管道穿基础的构造

供电导线或电缆埋地敷设时，一般不宜穿建筑物和设备的基础，以防止基础在有沉降发生时引起线路的破坏。必须穿基础时要穿管保护，使它具有足够的强度抵抗基础的沉降。一般穿线管采用无缝钢管，且管内导线必须是没有接头完整无损的整根导线。与其他管道穿基础的构造一样，基础墙内要预埋套管或预留孔洞。

地下水位较高地区的建筑物，要做好管道穿基础处的防水处理。

## 小　结

1. 基础与地基是不同的概念。地基可分为天然地基和人工地基。基础按形式分类可分为条形基础、独立基础、井格基础、片筏基础、箱形基础和桩基础；按材料和受力特点分为刚性基础和柔性基础；按埋置深度分为浅基础和深基础。

2. 埋置深度与建筑物的特点、荷载大小、地基土层构造、地下水位高低、地基土的冻结深度、相邻建筑物基础埋深有关。

3. 地下室的防潮和防水：当最高地下水位低于地下室地坪时，只做防潮处理。当最高地下水位高于地下室地坪时，必须采取防水处理。

## 绘 图 题

1. 画图表示基础埋深的含义。
2. 画图表示地下室卷材"外防水"的处理。

## 实 训 题

实际调查和观察一下，目前基础应用比较多的有哪些类型？它们都用于什么类型的地基或什么类型的建筑物中？

# 第**7**章

# 墙　体

## 7.1　墙体的类型与要求

墙体，见图 7-1，在一般砖混结构房屋中，是主要的承重构件；墙体的重量占建筑物总重量的 40%～45%，墙的造价占全部建筑造价的 30%～40%。在其他类型的建筑中，墙体可能是承重构件，也可能只是围护构件，但它所占的造价比重也较大。因而在工程设计中，合理地选择墙体材料、结构方案及构造做法十分重要。

### 7.1.1　墙体的类型

建筑物的墙体根据所在位置、受力情况、材料及施工方法的不同有如下几种分类方式。

图 7-1　墙体

**1. 墙体按所在位置分类**

墙体按所处的位置不同可分为外墙和内墙、纵墙和横墙。位于房屋周边的墙统称为外墙，它主要是抵御风、霜、雨、雪的侵袭和保温、隔热，起围护作用。凡位于房屋内部的墙统称为内墙，它主要起分隔房间的作用。沿建筑物短轴方向布置的墙称为横墙，有内横墙和外横墙，外横墙也叫山墙。沿建筑物长轴方向布置的墙称为纵墙，又有内纵墙和外纵墙之分。对于一片墙来说，窗与窗之间和窗与门之间的墙称为窗间墙。墙体各部分名称见图 7-2。

**2. 墙体按受力状况分类**

墙体按结构受力情况分为承重墙和非承重墙。承重墙承受上部结构传来的荷载,非承重墙不承受外来荷载。非承重墙又可分为两种:一是自承重墙,不承受外来荷载,仅承受自身重量并将其传至基础;二是隔墙,起分隔房间的作用,不承受外来荷载,并把自身重量传给梁或楼板。框架填充墙就是隔墙的一种。悬挂在建筑物外部的轻质墙称为幕墙,包括金属幕墙和玻璃幕墙。

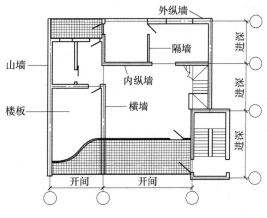

图 7-2 墙体名称

**3. 墙体按材料分类**

墙体按所用材料分种类很多。用砖和砂浆砌筑的墙称为砖墙;用石块和砂浆砌筑的墙称为石墙;用土坯和黏土砂浆砌筑的墙或在模板内填充黏土夯实而成的墙称为土墙;另外还有混凝土墙、砌块墙等。

**4. 按构造方式分类**

按构造方式不同有实体墙、空体墙和复合墙三种(图7-3)。实体墙是由普通砖及其他实体砌块砌筑而成的墙体;空体墙是由普通砖砌筑的空斗墙或由空心砖砌筑的具有空腔的墙体;复合墙是由两种或两种以上的材料组合而成的墙体。

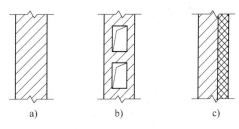

图 7-3 墙的种类

a) 实心砖墙 b) 空体墙 c) 复合墙

**5. 按施工方法分类**

墙体按施工方法不同有叠砌墙、板筑墙和装配式板材墙三种。叠砌墙是将各种预先加工好的块材,如普通砖、灰砂砖、石块、空心砖、中小型砌块,用胶结材料(砂浆)砌筑而成的墙体;板筑墙则是在施工时,直接在墙体部位竖立模板,在模板内夯筑黏土或浇筑混凝土振捣密实而成的墙体,如夯土墙、混凝土墙、钢筋混凝土墙等;装配式板材墙是将工厂生产的大型板材运至现场进行机械化安装而成的墙体,这种墙面积大,施工速度快,工期短,是建筑工业化的发展方向。

## 7.1.2 墙体的承重方案

墙体通常有以下四种承重方案。

**1. 横墙承重方案**

横墙承重方案(图7-4a)适用于房间的使用面积不大,墙体位置比较固定的建筑物,如住宅、宿舍、旅馆等。可按房屋的开间设置横墙,楼板两端搁置在横墙上,横墙承受楼板等外来荷载,连同自身的重量传给基础。横墙的间距即楼板的标志长度,也就是开间尺寸,一船在 4.2m 以内较为经济。横墙承重方案横墙数量多，房屋的空间刚度大，整体性好，对抗风、抗震和调整地基不均匀沉降有利。但是建筑空间组合灵活性较差。在横墙承重方案中，纵墙起围护、分隔和将横墙连成整体的作用，它只承担自身的重量，所以对在纵墙上开门窗洞口的限制较少。

**2. 纵墙承重方案**

纵墙承重方案（图 7-4b）适用于房间使用上要求有较大空间，墙体位置在同层或上下层之间可能有变化的建筑，如教学楼中的教室、阅览室、实验室等。通常把大梁或楼板搁置在内、外纵墙上。此时纵墙承受楼板自重及活荷载，连同自身的重量传给基础和地基。在纵墙承重方案中，由于横墙数量少，房屋刚度差，应适当设置承重横墙，与楼板一起形成纵墙的侧向支撑，以保证房屋空间刚度及整体性的要求。纵墙承重方案空间划分较灵活，但设在纵墙上的门、窗大小和位置将受到一定限制。相对于横墙承重方案来说，纵墙承重方案楼板材料用量较多。

**3. 纵横墙承重方案**

纵横墙承重方案（图 7-4c）适用于房间变化较多的建筑，如医院、实验楼等。可根据需要布置，房间中一部分用横墙承重，另一部分则用纵墙承重，形成纵横墙混合承重方案。此方案建筑组合灵活，空间刚度好，墙体材料用量较多，适用于开间、进深变化较多的建筑。

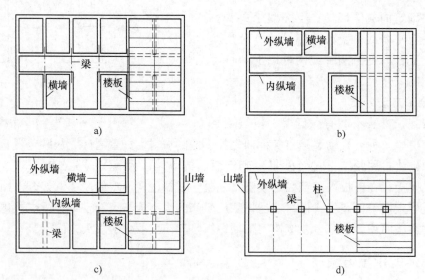

图 7-4　墙体结构布置方案

a）横墙承重　b）纵墙承重　c）纵横墙承重　d）部分框架承重

**4. 部分框架承重方案**

部分框架承重方案（图 7-4d）适用于建筑需要大空间时，如商店、综合楼等，采用内部框架、四周墙体承重，楼板自重及活荷载传给梁、柱或墙。房屋的整体刚度主要由框架保证，因此水泥及钢材用量较多。

### 7.1.3 墙体的性能要求

#### 1. 满足强度和稳定性要求

强度是指墙体承受荷载的能力。在混合结构中，墙除承受自重外，主要支承整个房屋的荷载。设计墙时要根据荷载及所用材料的性能，通过计算确定墙身的厚度。抗震设防地区还应考虑地震作用下墙体承载力。一般砖墙的强度与所用砖、砂浆的强度等级及施工技术有关。

墙体的稳定性与墙的高度、长度、厚度等关系很大。墙体必须保证一定的高厚比。在施工中要求墙体倾斜度不得超出其允许误差。

#### 2. 满足热工性能要求

墙除了防御风、雨、霜、雪等自然现象的直接侵袭外，还应满足热工方面的要求。也就是冬天保温、夏天隔热，并防止内部表面结露与空气渗透等问题。

在冬季采暖地区，为减少室内热量的散失，要求墙体应具有足够的热阻（图7-5）。墙体热阻的大小直接影响墙的保温或隔热性能，影响建筑的节能效果。为增加墙体热阻，提高外墙保温能力，可以从以下几个方面入手：

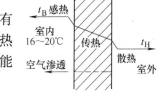

图 7-5 围护结构
中热的传播途径

（1）增加外墙厚度。如北方地区为保温需要，常将墙厚由一砖墙增加为一砖半墙或两砖墙。

（2）选用热阻大、导热系数小的材料作为墙体。这些材料空隙率高、容重小、保温效果好，但往往强度不高，不能承受较大的荷载，一般用作框架填充墙等。也可用复合材料作为墙体。例如可以用加气混凝土作保温材料与钢筋混凝土承重墙组成复合墙。

（3）防止出现凝结水。如果墙内温度低于露点时，蒸汽就在墙内产生凝结水，这时会使墙体的保温性能降低。如果在围护结构内表面或内部出现蒸汽凝结现象，不但会影响围护结构的保暖性能，影响正常使用，而且也严重地影响了围护结构本身的耐久性。构造处理上一般将导热系数小的保温材料放在温度低的一边，并在高温一侧设置隔蒸汽层，阻止水蒸气进入保温层内。隔蒸汽层常用卷材、防水涂料或薄膜等材料。

（4）防止空气渗透。由于风压及室内外温度差（热压）的作用，空气往往由高压通过围护结构的空隙流向低压一侧，称为空气渗透。由热压引起的渗透，空气从室内向外渗透；由风压引起的渗透，室外冷空气由迎风面向内渗透，使室内温度发生变化。避免空气渗透的措施，有选择密实度高的墙体材料、砌筑密实、墙体内外加抹灰层、加强门窗等构件连接处的密封处理等。

炎热地区夏季太阳辐射强烈，为避免室外热量传入室内，外墙应具有足够的隔热能力，外墙的隔热一般可采取以下措施：

1）选用热阻大、容重大的墙体材料，减少外墙表面的温度波动，提高其热稳定性。如砖墙、土墙等。

2）选用外表面光滑、平整、浅色的墙体材料，以增加对太阳的反射能力。

3）建筑布局合理，朝向良好，避免西晒，通风条件好，门窗洞口位置、大小、开启方式合适，并尽量避免阳光直射室内。

**3. 满足隔声要求**

声音的大小在声学中用声强级来表示，单位为"分贝"（dB）。建筑物各类主要用房的允许噪声级不应大于表7-1中数值。为了避免来自室外或相邻房间的噪声干扰，要求墙体必须有一定的隔声能力。一般双面抹灰的一砖墙（240mm 厚），隔声量可达45dB，基本能满足隔声要求。半砖墙（120mm 厚）的隔声量约为30dB。

表 7-1    允许噪声级

| 用房类别 | 允许噪声级/dB | 用房类别 | 允许噪声级/dB |
|---|---|---|---|
| 睡眠用房 | 50（昼）、40（夜） | 有语音清晰要求的房间 | 50 |
| 无特殊安静要求的房间 | 55 | 有音质要求的房间 | 40 |

**4. 其他方面的要求**

（1）防火要求：应根据建筑物的耐火等级选择燃烧性能和耐火极限符合《建筑设计防火规范》规定的材料。在面积较大的建筑中，有时需要设置防火墙，将建筑物分成若干区段，以防止火灾蔓延。

（2）防水防潮要求：卫生间、厨房、实验室等有水的房间及地下室的墙应采取防水、防潮措施。选择合适的防水材料和构造做法，保证墙体的坚固耐久性，使室内有良好的卫生环境。

（3）建筑工业化要求：在大量民用建筑中，墙体工程量占相当大的比重。墙的重量约占建筑总重量的40%～65%，造价占30%～40%，同时劳动力消耗大，施工工期长。因此，墙体改革是建筑工业化的关键性步骤，必须改变手工生产及操作，提高机械化施工程度，提高工效，降低劳动强度，并应采用轻质高强的墙体材料，以减轻自重，降低成本。

# 7.2    墙体的材料与性能

墙体根据所用材料的不同有多种类型，主要有砖墙、预制砌块墙、地方材料墙及幕墙等。

## 7.2.1    砖墙

砖墙包括砖和砂浆两种材料，砖墙是用砂浆将砖按一定规律砌筑而成的砌体。

**1. 砖**

砖的种类很多，从材料上分有黏土砖、灰砂砖、水泥砖、煤矸石砖、页岩砖及各种工业废料砖（如炉渣砖）等。从形状上看有实心砖及多孔砖。

标准砖是全国统一规格，尺寸为 240mm × 115mm × 53mm。砖的长宽厚之比为 4∶2∶1（加灰缝），在砌筑时，上下错缝方便灵活，标准砖每块重量约为 25N，适合手工砌筑。砖按强度等级分为 MU30、MU25、MU20、MU15、MU10、MU7.5 六个等级。

**2. 砂浆**

砂浆是由胶结材料（水泥、石灰、黏土）和填充材料（砂、石屑、矿边、煤渣屑、粉煤灰或废模型砂）用水按不同比例搅拌而成。它们的配合比取决于结构要求的强度及和易性。

砌筑砂浆通常有水泥砂浆、石灰砂浆及混合砂浆三种。水泥砂浆强度高，防潮性能好，主要用于受力和防潮要求高的墙体；石灰砂浆强度和防潮性能均差，但和易性好，多用于强度要求低的墙体；混合砂浆由水泥、石灰、砂拌合而成，和易性较好，使用最广泛。

砂浆的强度等级分为七级：M15、M10、M7.5、M5、M2.5、M1 和 M0.4。常用砌筑砂浆为 M1 ~ M5 几个等级。

**3. 砖砌体的强度**

从结构角度称砖墙为砌体，砌体的强度是由砖和砂浆的强度等级决定的。采用不同种类和规格的砖砌筑的墙体能满足关于强度、保温、隔热及隔声等不同方面的要求。工程实践中采用优先提高砖的强度等级，其次考虑提高砌筑砂浆的强度等级来提高砌体强度。

## 7.2.2 砌块墙

目前，我国砌块类型较多，根据材料进行分类有混凝土砌块、轻集料混凝土砌块、加气混凝土砌块，以及利用各种工业废渣、粉煤灰、煤矸石等制成的无熟料水泥煤渣混凝土和蒸养粉煤灰硅酸盐砌块等；根据品种进行分类有实体砌块、空心砌块和微孔砌块等；根据重量和尺度进行分类有小型砌块、中型砌块和大型砌块等。

我国各地所采用的砌块，其规格、类型极不统一。但从使用情况看，以中、小型砌块居多。在砌块规格定型上有两种发展趋势：

一是向小型砌块方向发展。小型砌块灵活多变，适应面广，能以手工砌筑并满足各种建筑物对墙体的使用要求，在国外被大量采用，我国广东、广西及贵州等省正在积极推广。

另一种是向中、大型砌块方向发展，可提高劳动生产率和机械化程度，以适应建筑工业化程度的不断提高。由于砌块的尺寸大，型号种类又不能过多，故不像小型砌块那样灵活多变，从而在使用上受到一定限制。目前我国浙江、四川、上海、天津、武汉等省市正推广使用。

为适应施工要求，无论小型、中型或大型砌块，一般都有一、二种尺寸较大的主要块和为错缝搭接、填充需要而设的辅助块和补充块。它们的厚度和高度尺寸基本一致，唯长度方向有所不同。通常，辅助块尺寸是主要块的1/2，而补充块尺寸又往往是辅助块的1/2。

### 7.2.3 玻璃幕墙

　　幕墙，通常是指悬挂在建筑物结构框架表面的轻质外围护墙。玻璃幕墙（图7-6）主要是指用玻璃这种饰面材料，覆盖在建筑物的表面所形成的外围护墙。玻璃幕墙制作技术要求高，且投资大、易损坏、耗能大，所以一般用于等级较高的公共建筑中。

图 7-6　玻璃幕墙

　　组成玻璃幕墙的主要部分是幕墙框架和装饰性玻璃，此外还需要各类连接件、紧固件、装修件及密封材料作配套。

　　一般玻璃幕墙大多采用型钢或铝合金型材作为骨架构成框架，用以传递荷载；也有由玻璃自承重的幕墙，这种玻璃幕墙称为"无骨架玻璃幕墙"或"全景玻璃幕墙"，通常用于建筑物靠近地面部分，可以不遮挡视线。

　　幕墙框架有横框、竖框之分。有框玻璃幕墙除常见的将饰面玻璃嵌固在金属框架内这种明框的固定方式外，还有两种较为独特的固定方式。其一为隐蔽骨架式，这种方式立面上看不出骨架与窗框，是较新颖的一种玻璃幕墙。其主要特点是玻璃的安装不是嵌入铝框内，而是用高强度粘合剂将玻璃粘接在铝框上，所以从外立面看不见骨架与边框。其二为骨架直接固定式。它的特点是不用铝合金边框，仅用特制的铝合金连接板，连接板周边与骨架用螺栓锚固，然后将玻璃与连接板固定。

　　玻璃幕墙所用的饰面玻璃，主要有热反射玻璃（俗称"镜面玻璃"）、吸热玻璃（亦称"染色玻璃"）、中空双层玻璃及夹层玻璃、夹丝玻璃及钢化玻璃等品种。另外，各种无色或着色的浮法玻璃也常被采用。从这些玻璃的特性来看，通常将前三种玻璃称为"节能玻璃"，将夹层玻璃、夹丝玻璃及钢化玻璃等称为"安全玻璃"。而各种浮法玻璃，仅具有机械磨光玻璃的光学性能，两面平整、光洁，而且板面规格尺寸较大。玻璃原片厚度有 3 ~ 12mm 等不同规格，色彩有无色、茶色、蓝色、灰色、灰绿色等。

玻璃幕墙需要各种连接件与紧固件，通过它们将主体结构、幕墙骨架和饰面玻璃联系在一起。连接件起连接、转接、支承等作用，一般由型钢或铝合金型材根据需要加工成各种形状；它与主体结构中的预埋件及幕墙骨架，通过焊接或用紧固件固定的方法连接。常用的紧固件有膨胀螺栓、铝拉钉、射钉等。

玻璃幕墙中的装修件包括后衬板（墙）、扣盖件以及窗台、楼地面、踢脚、顶棚等部件，起密闭、装修、防护等作用。密封材料有密封膏、密封带、压缩密封件等，起密闭、防水、防火、保温、绝热等作用。此外，还有窗台板、压顶板、泛水、防结凝、变形缝等专用件。

# 7.3　砖墙尺寸、组砌方式及细部构造

我国从战国时期采用砖墙，至今已有二千多年历史。砖墙取材容易，制造简单，既可承重，又具有一定的保温、隔热、隔声、防火性能，施工操作也十分简便易行，所以能沿用至今；但从目前看，砖墙也存在不少缺点，如施工速度慢，劳动强度大，自重大；特别是生产黏土砖要毁坏大量农田，所以，2000 年国家建材局、建设部、农业部、国土资源部墙体材料革新建筑节能办公室联合发布文件，规定各大中城市"在住宅建设中限时禁止使用实心黏土砖"。国务院办公厅也发布了《关于进一步推进墙体材料革新和推广节能建筑的通知》（国办发〔2005〕33 号），要求"逐步禁止生产和使用实心黏土砖，积极推广新型墙体材料"，"到 2010 年底，所有城市禁止使用实心黏土砖，全国实心黏土砖年产量控制在 4000 亿块以下"。新型墙体材料发展以节省能源和资源为最大特点，墙体材料的主要原料采用工业废料，生产过程中做到低能耗、低污染，产品可以满足建筑结构体系发展的需求，提高建筑施工效率。

## 7.3.1　砖墙的尺寸

砖墙的基本尺寸指的是厚度和墙段长度两个方向的尺寸。要确定它们的数值除了应满足结构和功能设计要求之外，还必须符合砖的规格，以标准砖为例，根据砖块尺寸和数量，再加上灰缝，即可组成不同的墙厚和墙段。

### 1. 墙厚

墙厚与砖规格尺寸的关系如图 7-7 所示。常见砖墙厚度见表 7-2。

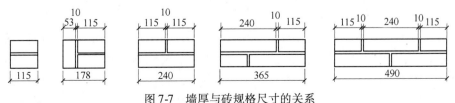

图 7-7　墙厚与砖规格尺寸的关系

表7-2　标准砖墙厚度

| 墙　厚 | 名　称 | 尺寸/mm | 墙　厚 | 名　称 | 尺寸/mm |
|---|---|---|---|---|---|
| 1/4 砖墙 | 6 墙 | 53 | 1 砖墙 | 24 墙 | 240 |
| 1/2 砖墙 | 12 墙 | 115 | $1\frac{1}{2}$ 砖墙 | 37 墙 | 365 |
| 3/4 砖墙 | 18 墙 | 178 | 2 砖墙 | 49 墙 | 490 |

### 2. 砖墙洞口及墙段尺寸

砖墙洞口主要是指门窗洞口，其尺寸应按模数协调统一标准制订。一般 1000mm 宽以下的门洞宽均采用基本模数 1M 的倍数，如 700mm、800mm、900mm，1000mm 等；超过 1000mm 宽的门洞及一般的窗洞口宽度，采用扩大模数 3M 的倍数，如 600mm、900mm、1200mm、1500mm、1800mm 等。

墙段尺寸是指窗间墙、转角墙等部位墙体的长度。墙段由砖块和灰缝组成，普通砖宽度尺寸为 115mm 加上 10mm 灰缝宽，共计 125mm，并以此为砖的组合模数基础。按此砖模数得出的墙段尺寸有：240mm、370mm、490mm、620mm、740mm、870mm、990mm、1120mm、1240mm 等数列。

砖墙的洞口及墙段尺寸见图 7-8。

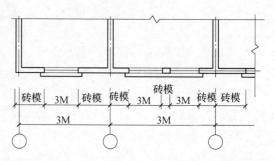

图 7-8　砖墙的洞口及墙段尺寸

## 7.3.2　砖墙的组砌方式

### 1. 实砌砖墙

砖墙的组砌方式（砌式）是指砖在砌体中排列的方式。为了保证砖墙坚固，砖墙组砌应遵循内外搭接、上下错缝的原则，同时也应便于砌筑和少砍砖，错缝长度一般不应小于 60mm。砌筑应避免出现连续的垂直通缝，否则将显著影响墙的强度和稳定性，见图 7-9。

在实砌砖墙砌法中，把砖的长方向垂直于墙面砌筑的砖称为丁砖，把砖的长度平行于墙面砌筑的砖称为顺砖。上下皮之间的水平灰缝称为横缝，左右两块砖之间的垂直缝称为竖缝。丁砖和顺砖应交替砌筑，灰浆饱满，横平竖直。图 7-10 为普通砖墙常见的组砌方式。

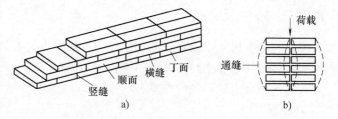

图 7-9　墙的错缝搭接及砖缝名称

a) 错缝搭接　b) 通缝引起的破坏状态

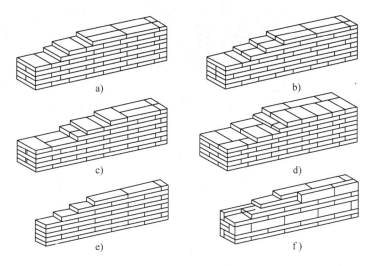

图 7-10 砖墙砌筑方式

a）一顺一丁 b）多顺一丁 c）十字式 d）370 墙 e）120 墙 f）180 墙

### 2. 空斗墙

空斗砖墙在我国使用已有很悠久的历史，尤其在南方地区，过去采用薄砖砌筑，作为围护墙，应用比较广泛。现在采用标准砖砌筑的空斗墙，厚度一般为一砖，可作为承重墙。空斗墙节省材料，热工性能也比较好。

在空斗砖墙砌法中，将平铺砌的砖称为眠砖，将侧立砌的砖称为斗砖。图 7-11 为空斗墙几种常见砌式。

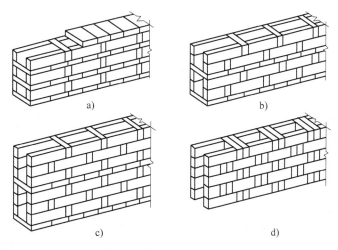

图 7-11 空斗墙砌式

a）一眠一斗 b）一眠二斗 c）一眠三斗 d）无眠空斗

## 7.3.3 砖墙的细部构造

为了保证砖墙的耐久性和墙体与其他构件连接的可靠性，墙体的一些重点部位均采用特定的细部构造做法。

### 7.3.3.1 墙脚构造

墙脚是指建筑物基础以上至室内地面以下的那部分墙体。由于墙脚所处的位置及砖砌体本身存在的毛细孔，常会有地表水和土壤中水渗入，致使墙身受潮，饰面层脱落，影响室内环境。墙脚的构造包括墙身防潮、勒脚和散水构造。

**1. 墙身防潮**

墙身防潮的方法是在墙脚处铺设水平防潮层，防止土壤和地面水渗入砖墙体。

（1）防潮层的位置　当室内地面垫层为混凝土等密实材料时，防潮层的位置应设在垫层范围内，一般位于室内地坪面以下60mm处墙体内，同时还应保证至少高于室外地面150mm，防止雨水溅湿墙面。当地面垫层为透水材料时（如炉渣、碎石等），水平防潮层的位置应平齐或高于室内地面。当内墙两侧地面出现高差时，应在墙身内设高低两道水平防潮层，并在土壤一侧设垂直防潮层。

（2）防潮层的做法　墙身防潮层的构造做法通常有以下三种，参见图7-12。

1）油毡防潮层　先抹20mm厚1:3水泥砂浆找平层，上铺一毡二油，这种做法防潮效果好，但耐久性差，整体性和抗震性也较差，不宜用在刚度要求高的墙体及地震地区。

2）防水砂浆防潮层　采用1:2水泥砂浆加3%~5%的防水剂，厚度为20~25mm，或用它砌3~5皮砖。

3）细石混凝土防潮层　浇筑60mm厚细石混凝土带，内配2~3根φ6或φ8钢筋。

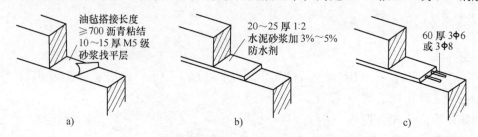

图7-12　墙身水平防潮层

a）油毡防潮层　b）防水砂浆防潮层　c）细石混凝土防潮层

如果墙脚采用不透水的材料（如条石或混凝土等），或设有钢筋混凝土地圈梁时，也可以不设防潮层。

**2. 勒脚构造**

勒脚是外墙的墙脚，它不但受到土壤中水分的侵蚀，而且雨水、地面积雪以及外界机械作用力也对它构成危害。所以要求除设墙身防潮层外，还应加强其坚固性和耐久性。一般采用以下几种构造作法，见图7-13。

（1）加强勒脚表面抹灰，可采用20mm厚1:3水泥砂浆抹面，以增加牢度和提高防水性能。

（2）勒脚镶贴天然或人工石材、面砖等，这种构造耐久性强，装饰效果好。

（3）勒脚部位增加墙厚度或改用坚固耐久材料，如条石、混凝土等材料。

**3. 散水及明沟构造**

散水又称护坡，沿建筑物四周设置，它的作用是防止雨水及室外地表积水渗入勒脚及基础。散水由内向外设置5%左右的排水坡度将雨水排离建筑物。散水宽度一般为600~

1000mm，当屋顶有出檐时，要求其宽度比出檐宽200mm。图7-14为常见散水做法。

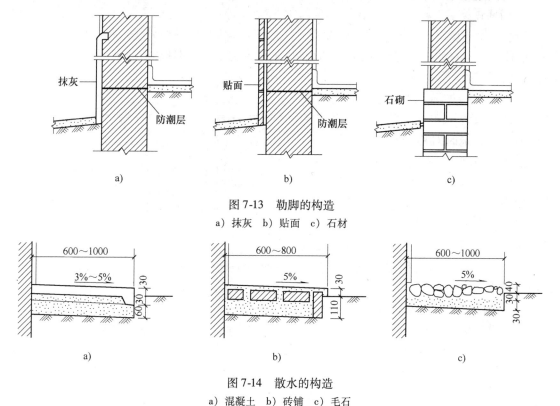

图 7-13 勒脚的构造

a）抹灰 b）贴面 c）石材

图 7-14 散水的构造

a）混凝土 b）砖铺 c）毛石

明沟又称阳沟，它与散水一样位于建筑物四周，其作用在于将雨水有组织地导向地下排水井（窨井）而流入雨水管道。明沟一般用混凝土现浇，也可以用砖砌或毛石砌（图7-15）。

如明沟与墙之间留有距离，可处理成带散水的明沟。

砖砌明沟可加钢筋混凝土活动盖板，称为排水暗沟。

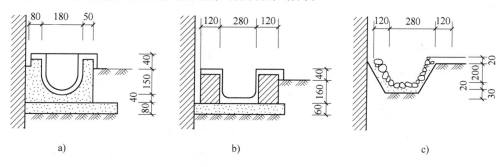

图 7-15 明沟的构造

a）混凝土 b）砖砌 c）毛石砌

### 7.3.3.2 门窗过梁与窗台

#### 1. 门窗过梁

当墙体上开设门、窗洞口时，为支承洞口上部砌体传来的各种荷载，并将其传到洞口两侧的墙体上，常在洞口上方设置横梁，这种横梁称为过梁。根据材料及构造方式不同，常见过梁有以下三种。

（1）平拱砖过梁　平拱砖过梁是我国传统做法（图7-16）。拱高一砖，用砖竖砌或侧砌。砌筑时对称于跨中。灰缝上宽下窄使砖向两侧倾斜约30～50mm，拱端伸入墙支座20～30mm，同时将拱的中部砖块提高约为跨度的1/50，即所谓起拱。平拱砖过梁可节省钢筋与水泥，但施工速度慢，常用于非承重墙上的门窗洞口，洞口宽度不宜超过1.2m。上部有集中荷载或振动荷载时不宜采用。

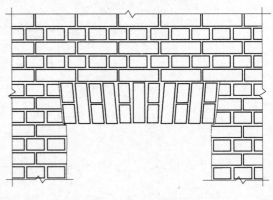

图7-16　平拱砖过梁立面

（2）钢筋砖过梁　钢筋砖过梁是在洞口顶部砖缝内配置钢筋，形成能承受弯矩的加筋砖砌体（图7-17）。通常用φ6钢筋，间距小于120mm。钢筋放在第一皮砖下面30mm厚的砂浆层内。

钢筋伸入两端墙内至少240mm，并向上弯钩。为使洞口上部砌体与钢筋构成整体过梁，从配置钢筋的上一皮砖起，在相当于1/4跨度的高度范围内（一般不少于5皮砖）用不低于M5的水泥砂浆砌筑。钢筋砖过梁适合于跨度大于2m、上部无集中荷载的洞口。

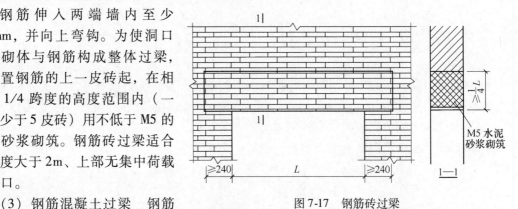

图7-17　钢筋砖过梁

（3）钢筋混凝土过梁　钢筋混凝土过梁承载能力强，可用于较宽的门窗洞口，对房屋不均匀下沉或振动有一定的适应性，所以应用最为广泛。

钢筋混凝土过梁有现浇和预制之分，预制装配式钢筋混凝土过梁施工速度快，很受欢迎。过梁断面通常采用矩形，以利于施工。梁高应按结构计算确定，且应配合砖的规格尺寸，如普通砖墙常取用60mm、120mm、180mm、240mm等高度的过梁。过梁宽度一般同砖墙厚，其两端伸入墙内支承长度不小于240mm。过梁的断面形式常须配合建筑立面处理，见图7-18。

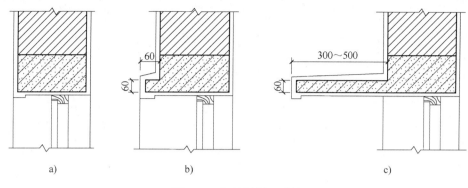

图 7-18 钢筋混凝土过梁

a）平墙过梁 b）带窗套过梁 c）带窗楣过梁

由于钢筋混凝土的导热系数大于砖的导热系数，在寒冷地区为了避免热桥的出现可采用 L 形截面或组合式过梁，利用砌体把过梁包起来（图 7-19）。

**2. 窗台**

窗台的作用是迅速排除沿窗扇下淌的雨水，防止其渗入墙身或沿窗缝渗入室内，并避免雨水污染外墙面。处于内墙或阳台等处的窗，不受雨水侵袭，可不必设挑窗台。外墙面为面砖、金属外墙面板等防水防污性能较好的装修材料时，也可不挑窗台。

窗台根据用料不同，一般有砖砌窗台和预制混凝土窗台之分（图 7-20）。砖砌窗台造价低，砌筑方便，故采用较多。砖砌窗台

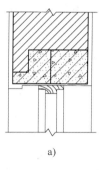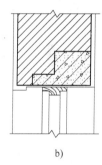

图 7-19 寒冷地区钢筋混凝土过梁

a）L 形截面组合过梁 b）砖外包过梁

有平砌和侧砌两种。窗台表面应做成抹灰或贴面处理，侧砌窗台可做水泥砂浆勾缝的清水窗台。窗台表面应形成一定的排水坡度。并应注意抹灰与窗下槛的交接处理，防止雨水向室内渗入。

窗台应向外出挑 60mm。挑窗台下做滴水槽或涂抹水泥砂浆，引导雨水垂直下落不致影响窗下墙面。窗台长度最少每边应超过窗宽 120mm。

**7.3.3.3 墙体加固措施**

在多层混合结构房屋中，墙体常常不是孤立的。它的四周一般均与左右、垂直墙体以及上下楼板层或屋顶层相互联系。墙体通过这些联系达到加强其稳定性的作用。

当墙身由于承受集中荷载、开洞和考虑地震的影响，致使稳定性有所降低时，必须采取加强措施，通常采取以下措施。

**1. 增加壁柱和门垛**

当墙体受到集中荷载而墙厚又不足以承受其荷载时，或当墙身的长度和高度超过一定的

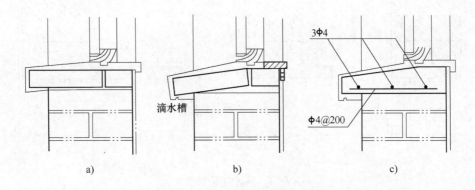

图 7-20　窗台构造

a）平砌砖窗台　b）侧砌砖窗台　c）预制混凝土窗台

限度并影响到墙体稳定性的情况下，常在墙体适当位置增设凸出墙面的壁柱（又称扶壁）以提高墙体刚度。通常壁柱突出墙面 120mm 或 240mm，壁柱宽 370mm 或 490mm，见图 7-21a。

在墙体转折处或丁字墙处开设门洞时，一般应设置门垛，用以保证墙身的稳定及便于安装门框。门垛宽度与墙厚相同，长度通常取 120mm 或 240mm，见图 7-21b。

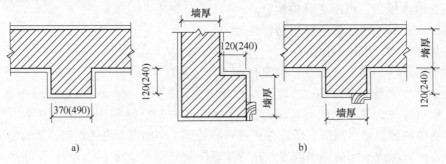

图 7-21　壁柱和门垛

a）壁柱　b）门垛

## 2. 圈梁

圈梁又称腰箍，是沿房屋外墙一圈及部分内横墙水平设置的连续封闭的梁。圈梁配合楼板的作用可提高建筑物的空间刚度及整体性；增强墙体的稳定性，减少由地基不均匀沉降而引起的墙身开裂。对抗震设防地区，利用圈梁加固墙身显得更加必要。

圈梁有钢筋混凝土圈梁和钢筋砖圈梁两种。钢筋混凝土圈梁整体刚度好，应用较为广泛。圈梁宽度同墙厚，高度一般为 180mm、240mm。钢筋砖圈梁用 M5 砂浆砌筑，高度不小于五皮砖，在圈梁中设置 4 $\phi$ 6 的通长钢筋，分上下两层布置，其做法与钢筋砖过梁相同。

通常设置圈梁的方法为：2~3 层房屋，地基较差时，可在基础上或房屋檐口处设圈梁。地基较好时，3 层以下房屋可不设圈梁。4 层及以上房屋根据横墙数量及地基情况，隔一层或二层设圈梁，在抗震设防区内，外墙及内纵墙屋顶处都要设圈梁，6~7 度地震烈度时，楼板处隔层设一道，8~9 度地震烈度，每层楼板处设一道。对于内横墙，6~7 度地震烈度时，屋顶处设置间距不大于 7m，楼板处间距不大于 15m，构造柱对应部位都应设置圈梁；8~9 度地震烈度，各层所有横墙均设圈梁。

圈梁与门窗过梁统一考虑时，可用来替代门窗过梁。圈梁应闭合，当圈梁被窗洞切断时，应搭接

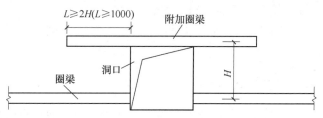

图 7-22 附加圈梁示意图

补强，可在洞口上部设置一道不小于圈梁断面的过梁，称附加圈梁。其与圈梁的搭接长度 $L \geq 2H$，且 $L \geq 1m$（图 7-22）。

**3. 构造柱**

由于砖砌体是脆性材料，抗震能力较差。因此在抗震设防地区，在多层砖混结构房屋的墙体中，需设置钢筋混凝土构造柱，用以增加建筑物的整体刚度和稳定性。构造柱是从构造角度考虑设置的，一般设在房屋四角、内外墙交接处、楼梯间、电梯间以及某些较长的墙体中部。构造柱必须与圈梁及墙体紧密连接。

圈梁在水平方向将楼板和墙体箍住，而构造柱则从竖向加强层间墙体的连接，与圈梁一起构成空间骨架，从而增加了房屋的整体刚度，提高了墙体的变形能力，使墙体由脆性变为延性较好的结构，做到裂而不倒。构造柱下端应锚固于钢筋混凝土条形基础或基础梁内。柱截面一般为 240mm × 240mm，不小于 240mm × 180mm。主筋一般采用 4 $\phi$ 12，箍筋间距不宜大于 250mm，墙与柱之间应沿墙高每 500mm 设 2 $\phi$ 6 钢筋连接，每边伸

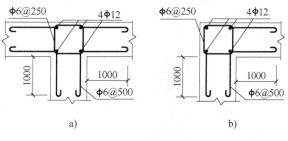

图 7-23 构造柱
a）外墙转角构造柱 b）内外墙构造柱

入墙内不少于 1m（图 7-23）。施工时必须先砌砖墙，随着墙体上升而逐段现浇钢筋混凝土。也可采用预制空心砌块嵌固，然后在孔内绑扎钢筋，灌筑混凝土。

# 7.4 隔墙的构造

隔墙主要用作分隔空间，隔墙一般不能承受外来荷载，而且本身的重量也要其他构件来支承，见图 7-24。不到顶的隔墙称为隔断。

对隔墙或隔断的共同要求为：

1）自重轻，有利于减轻楼板或梁的支承荷载。

2）厚度薄，少占空间。

3）用于厨房、厕所等特殊房间应有防火、防潮或其他要求。

4）便于拆除而不损坏其他构配件。

常见的隔墙，根据其材料及构造方法不同，可分为立筋式隔墙、块材隔墙、板材隔墙等。

### 7.4.1　立筋式隔墙

立筋式隔墙是由木筋骨架或金属骨架及墙面材料两部分组成。根据墙面材料的不同来命名不同的隔墙，如板条抹灰隔墙、钢丝网抹灰隔墙和人造板隔墙等。凡先立墙筋，后钉各种材料，再进行抹灰或油漆等饰面处理的，均可称为立筋式隔墙。

**1. 板条抹灰隔墙**

板条抹灰隔墙，又称"灰板条墙"，它具有质轻壁薄，灵活性大，装拆方便等优点，故应用较广。但其防火、防潮、隔声性能较差，并且耗用木材多。从节约木材的角度来看，宜少用或不用。

板条抹灰隔墙由上槛、下槛、墙筋（立筋）、斜撑（或横档）及板条等木构件组成骨架，然后进行抹面，如图 7-25 所示。

图 7-24　隔墙

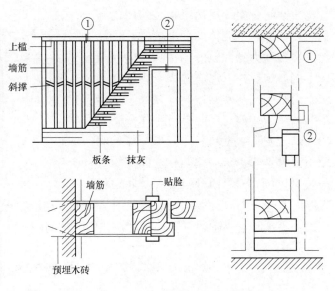

图 7-25　木骨架板条抹灰面层隔墙

### 2. 立筋面板隔墙

立筋面板隔墙主要指在木质骨架或金属骨架上镶钉胶合板、纤维板、石膏板或其他轻质薄板的一种隔墙。

木质骨架的构造与灰板条墙相同，但墙筋与横档的间距均应按各种人造板的规格排列，如图 7-26 所示。人造面板接缝应留有 5mm 左右的伸缩余地，并可采用铝压条或木压条盖缝。

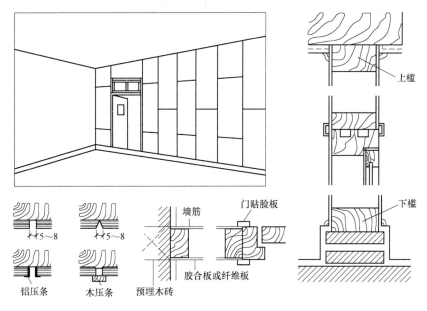

图 7-26　胶合板或纤维板隔墙

金属骨架一般采用薄壁钢板、铝合金薄板或拉眼钢板网加工而成。墙筋的间距视镶板的规格而定，亦即保证板与板的接缝在墙筋或横档上。在金属骨架上钉板时，面板常借膨胀铆钉固定在墙筋上。对于钢板网骨架，由于刚度较弱，在钉板时，为避免因打眼而影响骨架变形，可在骨架的肋槽内填以木砖。钉好面板后，可在表面裱糊墙纸或喷涂油漆涂料等。

立筋面板隔墙施工较轻便，但隔声量不足 40dB。为了满足分户隔声要求，可在内部填以轻质材料或每面错缝铺钉双层面板。

## 7.4.2　块材隔墙

块材隔墙是指用普通砖、多孔砖、砌块等块材砌筑而成的隔墙。其优点是耐久性和耐湿性较好，缺点是自重较大。常用的有普通砖隔墙和砌块隔墙。

### 1. 普通砖隔墙

普通砖隔墙有半砖（120mm）和 1/4 砖（60mm）两种。

半砖隔墙采用普通砖顺砌，砌筑砂浆可采用 M2.5 或 M5 级。当隔墙高度超过 3m，长度超过5m时，应考虑加固措施而保证墙身的稳定性。一般可沿高度方向每隔8~10皮砖砌入 Φ4钢筋一根，或每隔10~15皮砖砌入Φ6钢筋一根，并使之与承重墙连接牢固（图7-27）。隔墙上有门时，要将预埋件或带有木楔的混凝土预制块砌入隔墙中以固定门框。

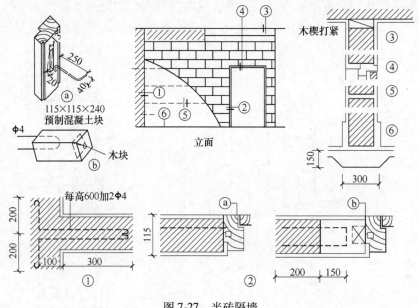

图7-27 半砖隔墙

1/4砖隔墙是由普通砖侧砌而成。由于厚度薄、稳定性差，故要求砌筑砂浆的强度等级不低于M5。1/4砖隔墙的高度和长度不宜过大，且常用于不设门窗洞的部位，如厨房与卫生间之间的隔墙。若面积大又需开设门窗洞时，须采取加固措施，常用方法是在高度方向每隔500mm砌入Φ4钢筋2根，或在水平方向每隔1200mm立细石混凝土柱一根，并沿垂直方向每隔7皮砖砌入Φ6钢筋1根，使之与两端墙连接。

**2. 砌块隔墙**

为了减轻隔墙自重，常采用比普通砖大而轻的粉煤灰硅酸盐砌块、加气混凝土砌块、空心砖或水泥炉渣空心砌块等砌成隔墙。墙厚由砌块尺寸而定，一般为90~120mm。由于墙体稳定性较差，其加固措施与砖隔墙相似，见图7-28。当没有半块时，常以普通砖填嵌空隙。当采用防潮性能较差的砌块砌筑时，宜在墙的下部先砌3~5皮普通砖。

## 7.4.3 板材隔墙

板材隔墙，是指其单板高度相当于房间的净高，面积较大，并且不依赖骨架，直接装配而成的隔墙。例如，碳化石灰板、加气混凝土条板、石膏条板、纸蜂窝板、水泥刨花板等。

**1. 碳化石灰板隔墙**

碳化石灰板是由磨细生石灰掺3%~4%（重量比）短玻璃纤维，加水搅拌（水灰比1:2

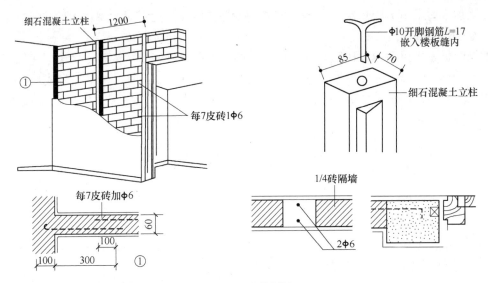

图 7-28 砌块隔墙

左右），振动成型，利用石灰窑废气进行碳化而成的。其规格为：长 2700 ~ 3000mm，宽 500 ~ 800mm，厚 90 ~ 120mm。

碳化石灰板隔墙在安装时，板顶与上层楼板连接，可用木楔打紧；两块板之间，可用水玻璃粘结剂连接，然后在墙表面先刮腻子再刷浆或贴墙纸，如图 7-29 所示。

**2. 加气混凝土条板隔墙**

加气混凝土是由水泥、石灰、砂、矿渣、粉煤灰等，加发气剂（铝粉），经过原料处理、配料、浇筑、切割及蒸压养护等工序制成的。其重度为 5kN/m³，抗压强度为 0.3 ~ 0.5 kN/m³。

加气混凝土条板具有自重轻，保温性能好，运输方便，施工简单，可锯、可钉等优点。但加气混凝土吸水性大，耐腐蚀性差，强度较低，运输、施工过程中易受损坏。加气混凝土条板不宜用于具有高温、高湿或有化学、有害空气介质的建筑中。

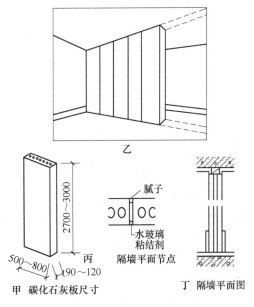

图 7-29 碳化石灰板隔墙

加气混凝土条板规格为：长 2700 ~ 3000mm，宽 600 ~ 800mm，厚 80 ~ 100mm。隔墙板之间可用水玻璃矿渣粘结砂浆（水玻璃:磨细矿渣:砂 = 1:1:2）或 107 胶聚合水泥砂浆(1:3

水泥砂浆加入适量107胶）粘结。条板安装一般是在地面上用一对木楔在板底将板楔紧。

**3. 纸蜂窝板隔墙**

纸蜂窝板是用浸渍纸以树脂粘贴成纸芯，再经张拉、浸渍酚醛树脂、烘干固化等工序制成的。纸芯形如蜂窝，两面贴以面板（如纤维板、塑料板等），四周镶木框做成墙板，其规格有3000mm×1200mm×50mm及2000mm×1200mm×43mm等。安装时，两块板之间用压条或金属嵌条固定。

# 7.5　墙面装修

## 7.5.1　墙面装修的作用和分类

建筑物结构主体完成后，必须对墙面进行装修。墙面装修的基本功能是保护墙体，美化环境，改善墙体物理性能，满足使用功能，见图7-30。

墙面装修有外墙装修和内墙装修之分，外墙又有清水墙面（不抹面）和混水墙面（抹面）之分。

外墙面的装修主要是保护外墙不受外界侵蚀，提高墙体防潮、防风化、保温、隔热的能力，增强墙体的坚固性和耐久性，增加美观。

外墙采用清水墙面时，砌砖时要求砂浆饱满，灰缝平直，并在清扫墙面的基础上用1:1水泥砂浆勾缝。

内墙面装修主要为了改善室内卫生条件，提高墙身的隔声性能，加强光线反射，增加美观；对浴室、厕所、厨房等潮湿房间，则保护墙身不受潮湿的影响，对一些有特殊要求的房间，还需选用不同材料的饰面来满足防尘、防腐蚀、防辐射等方面的需要。

图7-30　墙面装修

墙面装修大致可归纳为以下五类：①抹灰类，包括纸筋灰抹面、砂浆抹面等；②贴面类，包括天然石材、人造石材和陶瓷饰面砖等；③涂刷类，包括涂料和刷浆等；④裱糊类，包括壁纸和墙布等；⑤镶板类，包括各种胶合板、纤维板、装饰面板等。

## 7.5.2　墙面装修构造

墙面装修的种类较多。以下仅对抹灰类、贴面类及涂刷类墙面装修作简要介绍。

### 7.5.2.1　抹灰类墙面装修

抹灰类装修主要指采用石灰、石膏、水泥为胶结材料而配制成的各种砂浆抹灰的墙面装修。如纸筋灰抹面、水泥砂浆抹面、聚合物水泥色浆墙面以及水刷石、干粘石、斩假石、水磨石等墙面。根据部位的不同，墙面抹灰可分为外墙抹灰和内墙抹灰。根据使用要求的不同，墙面抹灰又可分为一般抹灰和装饰抹灰。一般抹灰常见的如石灰砂浆抹灰、水泥砂浆抹灰、混合砂浆抹灰、纸筋石灰浆抹灰、麻刀石灰浆抹灰等。装饰抹灰常见的有水刷石面、水磨石面、斩假石面、干粘石面及聚合物水泥砂浆的喷涂、滚涂、弹涂饰面等。这类装修均系现场湿作业施工。

### 1. 墙面抹灰的组成

为了保证抹灰质量，做到表面平整，粘结牢固，色彩均匀，不开裂，施工时须分层操作。抹灰一般分三层，即底灰（层）、中灰（层）、面灰（层），如图 7-31 所示。

底灰层主要起与基层粘结和初步找平作用。底灰砂浆应根据基本材料的不同和受水浸湿情况而定。可选用石灰砂浆、水泥石灰混合砂浆（简称"混合砂浆"）或水泥砂浆。

中灰层主要起找平和结合的作用，还可以弥补底层抹灰的干缩裂缝。一般来说，中层抹灰所用材料与底层抹灰基本相同，在采用机械喷涂时，底层与中层可同时进行。

面层抹灰又称"罩面"，主要起装饰与保护作用。根据所选装饰材料和施工方法的不

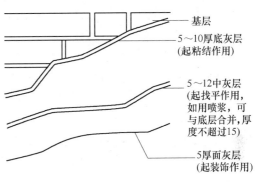

基层

5～10厚底灰层
（起粘结作用）

5～12中灰层
（起找平作用，
如用喷浆，可
与底层合并，厚
度不超过15）

5厚面灰层
（起装饰作用）

图 7-31　抹灰的构造

同，面层抹灰有各种不同性质与外观的抹灰。例如，选用纸筋灰罩面，即为纸筋灰抹灰；水泥砂浆罩面，即为水泥砂浆抹灰；采用木屑作集料的砂浆罩面，即为吸声抹灰等。

由于施工操作方法的不同，抹灰表面可抹成平面，也可以拉毛或用斧斩成假石状，还可以采用细天然集料或人造集料（加大理石、花岗石、玻璃、陶瓷等加工成粒料），采用手工抹或机械喷射成水刷石、干粘石、彩瓷粒等集石类墙面。

彩色抹灰的做法有两种：一种是在抹灰面层的灰浆中掺入各种颜料，色匀而耐久，但颜料用量较多，适用于室外；另一种，是在做好的面层上，进行罩面喷涂料时加入颜料，这种做法比较省颜料，但是容易出现色彩不匀或褪色现象，多用于室内。

抹灰按质量要求和主要工序划分为以下三种标准。

普通抹灰：一层底灰，一层面灰，总厚度≤18mm；

中级抹灰：一层底灰，一层中灰，一层面灰，总厚度≤20mm；

高级抹灰：一层底灰，数层中灰，一层面灰，总厚度≤25mm。

高级抹灰适用于高标准公共建筑物，如剧院、宾馆、展览馆、纪念性建筑等；中级抹灰适用于一般性公共建筑及住宅等；普通抹灰适用于简易宿舍、仓库等要求不高的场所。

### 2. 常见抹灰饰面做法

经常用于外墙面饰面的抹灰有混合砂浆抹灰、水泥砂浆抹灰、水刷石及干粘石、斩假石

等；内墙面抹灰有纸筋石灰抹灰、石膏灰抹灰、混合砂浆抹灰饰面等。

（1）混合砂浆抹灰　常用1:1:6水泥、石灰膏、砂拌成。如遇含泥量较重的砂时，石灰膏应适当减少，否则墙面容易开裂。

抹灰两道，底层与面层材料相同，总厚度约20mm。用于内墙面时，表面加涂内墙涂料。用于外墙面时，表面可用木抹子磨毛，呈银灰色。

（2）水泥砂浆抹灰　采用12mm厚1:3水泥砂浆打底，再用8mm厚1:2.5水泥砂浆抹面。表面呈土黄色，具有一定的抗水性，做外饰面时，面层用木抹子磨毛；作为厨房、浴厕等易受潮房间的墙裙时，面层用铁板抹光。

（3）水刷石及干粘石饰面　水刷石又称洗石子，采用15mm厚1:3水泥砂浆打底。面层水泥石碴浆的配比依石碴粒径而定，一般为1:1（粒径8mm）、1:1.25（粒径6mm）、1:1.5（粒径4mm）；厚度通常取石碴粒径的2.5倍，依次为20mm、15mm、10mm。

面层如果用彩色石碴浆，则需要白水泥掺入颜料，造价会相应增加。

喷刷应在面层刚开始初凝时进行，分两遍操作。第一遍先用软毛刷子蘸水刷掉面层水泥浆，露出石粒；第二遍接着用喷雾器将四周邻近部位喷湿，然后由上往下喷水，把表面的水泥浆冲掉，使石子外露约为粒径的1/3，再从上往下冲洗；大面积冲洗后，用甩干的毛刷将方格缝上沿处滴挂的浮水吸去。

干粘石饰面用12mm厚1:3水泥砂浆打底，中层用6mm厚1:3水泥砂浆，面层为粘结砂浆，粘结砂浆常见配比为水泥:砂:107胶 = 1:1.5:0.15或水泥:石灰膏:砂:107胶 = 1:1:2:0.15。冬季施工应采用前一配比。粘结砂浆抹平后，即开始撒石粒，石粒一般选用粒径4mm石碴，且用水冲洗干净。手甩粘石的主要工具是拍子和托盘，先甩四周易干部位，再甩中间，要求大面均匀，然后用拍子压平拍实，使石碴粒埋入粘结砂浆1/2以上。也可以用压缩空气带动喷斗喷射石碴代替手甩石碴。

干粘石效果类同水刷石，它操作简便，与水刷石相比，它可提高工效50%，节约水泥30%，节约石子50%。

（4）斩假石饰面　斩假石是仿制天然石墙的一种抹灰。这种饰面一般是以水泥石碴浆作面层，待凝结硬化具有一定强度后，用斧子及各种凿子等工具，在面层上剁斩出类似石材经雕琢的纹理效果来，其质感分立纹剁斧和花锤剁斧两种，可根据需要选用。

（5）纸筋石灰抹灰　纸筋（或麻刀）石灰粉刷的一般做法是：当基层为砖墙时，用15mm厚1:3石灰砂浆打底，2mm厚纸筋（麻刀）石灰粉面。当基层为混凝土墙时，抹灰前须先刷一道素水泥浆（内掺入3%~5%的107胶）作为预处理，然后用15mm厚1:3:9水泥石灰混合砂浆打底，用2mm厚纸筋（麻刀）石灰粉面。

纸筋（或麻刀）石灰抹灰通常用于内粉刷。表面可以喷刷大白浆等其他内墙涂料。

（6）石膏灰抹灰　石膏灰浆罩面，颜色洁白，表面细腻，不反光，可以与室内石膏制作的装饰性线脚配套，取得统一的效果。石膏还具有隔热、保温、不燃、吸声、结硬后不收缩等性能，所以适宜作高级装饰的内墙面抹灰和顶棚的罩面。

**3. 抹灰类饰面特殊部位构造**

在内墙面抹灰装修中，当遇到人群活动较易碰撞的墙面或墙面防水要求较高的部位，如门厅、公共走廊、厨房、浴室、厕所等处，为保护墙身，常在这些易于碰撞或较易受潮的墙面做成护墙墙裙，其构造如图7-32所示。墙裙一般高900～2000mm。

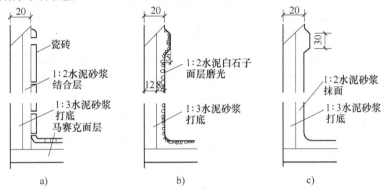

图 7-32 墙裙

a）瓷砖墙裙 b）水磨石墙裙 c）砂浆墙裙

由于抹灰砂浆强度较差，阳角处很易碰坏，通常在抹灰前，先在内墙阳角、门洞转角、柱子四角等处用强度较高的1:2水泥砂浆抹出或预埋角钢做成护角，如图7-33所示。护角高度从地面起约2m左右，然后再做底层及面层抹灰。

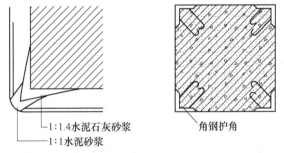

图 7-33 墙和柱的护角

**7.5.2.2 贴面类墙面装修**

贴面类墙面装修是目前中高级建筑墙面装修常采用的饰面之一。贴面材料通常有三类：一是陶瓷制品，如瓷砖、面砖、陶瓷锦砖等；二是天然石材，如花岗石、大理石等；三是预制板材，如预制木磨石板等。它们的构造方法有一定的差异，一般轻而小的块材可直接镶贴，大而重的块材则必须采用钩挂等方式，保证与主体结构连接牢固。

**1. 外墙面砖饰面**

外墙面砖分为无釉和有釉两种。常见的规格有：200mm × 100mm、150mm × 75mm、75mm × 75mm、108mm × 108mm等，厚度为6～15mm。外墙面砖粘贴时，用1:3水泥砂浆作底灰，厚度15mm。粘贴前，先将面砖表面清洁干净，放入水中浸泡，然后再晾干或擦干。粘结砂浆用1:2.5的水泥砂浆或用1:0.2:2.5的稠度适中的水泥石灰混合砂浆。贴完一行后，须将每块面砖上的灰浆利净。待整块墙面贴完后，用1:1水泥细砂浆作勾缝处理。

**2. 釉面砖（瓷砖）饰面**

瓷砖正面挂釉，又称"釉面瓷砖"，它是用瓷土或优质陶土烧制成的饰面材料，其底胎一般呈白色，表面上釉可以是白色，也可以是其他颜色的。瓷砖表面光滑、美观、吸水率低，多用于室内需要经常擦洗的墙面，如厨房墙裙、卫生间等处，一般不用于室外。瓷砖的一般规格有 152mm×152mm、108mm×108mm、152mm×76mm、50mm×50mm 等，厚度为 4 ～6mm。此外，在转弯或结束部位，另有阳角条、阴角条、压条或带有圆边的构件供选用。

粘贴瓷砖时，底灰为 12mm 厚 1:3 水泥砂浆。瓷砖粘贴前应浸透阴干待用。粘贴由下向上横向逐行进行。为了便于洗擦和防水，要求连接紧密，一般不留灰缝，细缝用白水泥擦平。瓷砖的粘贴方法有两种，一种称"软贴法"，即用 5～8mm 厚 1:0.1:2.5 的水泥石灰混合砂浆作结合层粘贴，这种方法需要有较好的技术素质。另一种是"硬贴法"，即在粘结砂浆中加入适量的 107 胶，其配比（重量比）为水泥:砂:水:107 胶 = 1:2.5:0.44:0.03。水泥砂浆中有 107 胶后，砂浆不易流淌，容易保持墙面洁净，减少清洁墙面工序，而且能延长砂浆使用时间，也减薄了粘结层，一般只需 2～3mm，硬贴法技术要求较低，提高了工效，节约了水泥，减轻了面层自重，瓷砖粘结牢度也大大提高。

### 3. 陶瓷锦砖与玻璃锦砖饰面

陶瓷锦砖又称"马赛克"，是以优质瓷土烧制而成的小块瓷砖。分为挂釉和不挂釉两种。采用的常见尺寸有 18.5mm×18.5mm、39mm×39mm、39mm×18.5mm 等，由于其耐磨、耐酸碱、不渗水、易清洗，所以常用作室内地面及墙裙。无釉陶瓷锦砖也常被用于外墙饰面，由于其自重轻，色泽稳定，耐污染，所以对高层建筑尤为适用。

玻璃锦砖又称"玻璃马赛克"，它是以玻璃为主要原料，加入二氧化硅，经高温、熔化发泡后，压制成的小块，尺寸一般为 20mm×20mm、25mm×25mm 的方形，厚度 4mm。玻璃锦砖质地坚硬，不褪色，材料来源广，价格较陶瓷锦砖便宜，所以广泛用于建筑外墙。

陶瓷锦砖与玻璃锦砖尺寸较小，为了便于粘贴，出厂前已按各种图案反贴在标准尺寸为 325mm×325mm 的牛皮纸上。施工时，用 12mm 厚 1:3 水泥砂浆打底，用 3mm 厚 1:1:2 纸筋石灰膏水泥混合灰浆（内掺水泥重 5% 的 107 胶）作粘结层铺贴，铺贴时将纸面向外，覆盖在砂浆面上，用木板压平，待粘结层开始凝固，洗去皮纸，用铁板校正缝隙，最后用水泥浆擦缝，如图 7-34 所示。为了避免锦砖脱落，一般不宜在冬季施工。

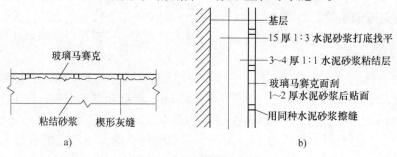

图 7-34　马赛克饰面构造

a）粘结状况　b）构造示意图

#### 4. 天然石材及人造预制板材饰面

天然石材可以加工成板材或块材作饰面材料。它们具有强度高、结构致密和色泽雅致、质感好等优点，但货源少，价格昂贵，一般用于较高档的建筑装修。比较常用的饰面石料有花岗石和大理石，花岗石不易风化，多用于室外，而大理石一般不宜用于室外。

花岗石与大理石饰面板材的安装方法较多，如挂贴法、木楔固定法、干挂法、树脂胶粘结法、钢网法等，其中挂贴法应用很广泛。

挂贴法固定天然石板，首先要在结构中预留钢筋头，或在砌墙时预埋镀锌钢环。安装时在钢环内先下主筋，间距 500～1000mm，然后按板材高度在主筋上绑扎横筋，构成钢筋网，钢筋φ6～φ8。板材上端两边钻有小孔，选用铜丝或镀锌钢丝穿孔将石板绑扎在横筋上。石板与墙身之间留 30mm 缝隙灌浆。施工时，要用活动木楔插入缝中来控制缝宽，并将石板临时固定，然后再在石板背面与墙面之间灌浇水泥砂浆。灌浆宜分层灌入，每次不宜超过 200mm，离上口 80mm 即停止，以便上下连成整体，如图 7-35 所示。

常见的预制板材，主要有水磨石、水刷石、斩假石、人造石材等。预制板材和墙体的固定方法与天然石材饰面基本一样，如图 7-36 所示。

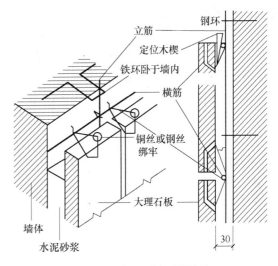

图 7-35　大理石墙面挂贴法

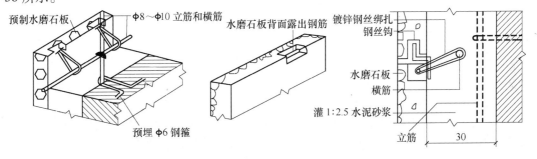

图 7-36　预制水磨石板装修构造

#### 7.5.2.3　涂刷类墙面装修

涂刷类饰面装修，是指将建筑涂料涂刷于构配件表面并与之较好粘结，以达到保护、装饰建筑物，并改善构配件性能的装修手段。

涂刷类饰面是建筑内外墙饰面的重要组成部分。与其他饰面装修相比，涂刷类饰面具有工效高、工期短、材料用量少、自重轻、造价低等优点。涂刷类饰面的耐久性略差，但维修、更新很方便，而且简单易行。

在涂刷类饰面装修中，涂料几乎可以配成任何需要的颜色。这是它在装修效果上的一个优势，也是其他饰面材料所不能及的，它可为建筑设计提供灵活多样的色彩表达效果。由于涂料所形成的涂层较薄，较为平滑，即使采用厚涂料或拉毛等做法，也只能形成微弱的麻面或小毛面，所以除可以掩盖粉刷基层表面的微小瑕疵使其不显外，不能形成凹凸程度较大的粗糙质量表面。涂刷饰面的本身效果是光滑而细腻的，要使涂饰表面有丰富的饰面质感，就必须先在基层表面创造必要的质感条件。所以，外墙涂料的装饰作用主要在于改变墙面色彩，而不在于改变质感。

涂刷类饰面装修可分为涂料饰面与刷浆饰面两大类。二者的区别在于：涂料一般涂敷于建筑表面，并能与其基层材料很好地粘结，形成完整涂膜；而刷浆是指在基层表面喷刷浆料或水性涂料。

**1. 涂料饰面装修**

传统涂料，主要是指油漆，它是以油料为原料配制而成的。目前，以合成树脂和乳液为原料的涂料，已大大超过油料，以无机硅酸盐和硅溶胶为基料的无机涂料，也已被大量应用。

根据状态的不同，建筑涂料可划分为溶剂型、水溶性、孔液型和粉末涂料等几类。

根据装修质感的不同，建筑涂料可划分为薄质、厚质和复层涂料等几类。

根据涂刷部位要求的不同，建筑涂料又可划分为外墙涂料、内墙涂料、地面涂料、顶棚涂料及屋顶涂料等。

常用的外墙厚涂料和复层涂料有：PG—838 浮雕漆厚涂料、彩砂涂料、乙-丙乳液厚涂料、丙烯酸拉毛涂料、JH8501 无机厚涂料、8301 水性外用建筑涂料等。

常用的外墙薄涂料有：建筑外墙涂料、SA—1 型乙-丙外墙涂料、865 外墙涂料、107 外墙涂料、高级喷磁型外墙涂料、有机无机复合涂料。

常用的内墙涂料有：LT—1 有光乳胶涂料、SJ 内墙滚花涂料、JQ831 耐擦洗内墙涂料、JQ841 耐擦洗内墙涂料、乙-乙乳液彩色内墙涂料、乙-丙内墙涂料、803 内墙涂料、206 内墙涂料、过氯乙烯内墙涂料、水性无机高分子平面状涂料、乳胶漆内墙涂料等。

**2. 刷浆饰面装修**

刷浆饰面，是指将水质涂料喷刷在建筑物抹灰层或基体等表面上，用以保护墙体，美化建筑物。用于刷浆的水质涂料很多，供室内用的有石灰浆、大白粉浆、可赛银浆，色粉浆等；用于室外的有水泥避水色浆、油粉浆、聚合物水泥浆等。

## 7.6　管道穿墙的构造处理

在供热通风、给水排水及电气工程中，都有多种管道穿过建筑物（或构筑物）的墙（或池）壁。管道穿墙时，必须做好保护和防水措施，否则将使管道产生变形或与墙壁结合处产生渗水现象，影响管道的正常使用。

当墙壁受力较小，以及穿墙管在使用中振动轻微时，管道可直接埋设于墙壁中，管道和墙体固结在一起，称为固定式穿墙管（图7-37）。为加强管道与墙体的连接，管道外壁应加焊钢板翼环，翼环的厚度和宽度可参考表7-3选用，如遇非混凝土墙壁时，应改用混凝土墙壁。

当墙壁受力较大，在使用过程中可能产生较大的沉陷以及管道有较大振动，并有防水要求时，管道外宜先埋设穿墙套管（亦称防水套管），然后在套管内安装穿墙管，由于墙壁因沉陷产生的压力作用在套管上，所以对穿墙管起到保护作用，同时管道也便于更换，称为活动式穿墙管。穿墙套管按管间填充情况可分为刚性和柔性两种。

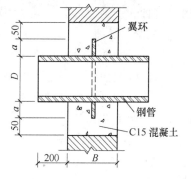

图 7-37 固定式穿墙管

表 7-3 翼环尺寸表 （单位：mm）

| 管径 DN | 25 | 32 | 40 | 50 | 70 | 80 | 100 | 125 | 150 | 200 | 250 | 300 |
|---|---|---|---|---|---|---|---|---|---|---|---|---|
| 翼环厚度 $\delta$ | 5 | 5 | 5 | 5 | 5 | 5 | 5 | 5 | 5 | 8 | 8 | 8 |
| 翼环宽度 $a$ | 30 | 30 | 30 | 30 | 30 | 30 | 30 | 30 | 30 | 50 | 50 | 75 |

**1. 刚性穿墙套管**

刚性穿墙套管（图7-38）适用于穿过有一般防水要求的建筑物和构筑物，套管外也要加焊翼环。套管与穿墙管之间先填入沥青麻丝，再用石棉水泥封堵。

**2. 柔性防水套管**

柔性防水套管（图7-39）适用于管道穿过墙壁之处有较大振动或有严密防水要求的建筑物或构筑物。

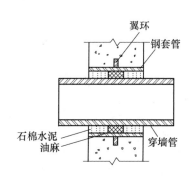

图 7-38 刚性防水套管

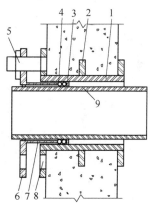

图 7-39 软性防水套管

1—套管 2—翼环 3—挡圈 4—橡皮条
5—双头螺栓 6—法兰盘 7—短管
8—翼盘 9—穿墙孔

柔性防水套管的一般构造为套管内焊有挡圈3，套管外焊有翼环2和翼盘8，浇固于墙内。套管的一侧通过法兰盘6和双头螺栓5，将另一短管7压紧套管与穿墙管之间的橡皮条4，使之密封。

无论是刚性或柔性套管，都必须将套管一次浇固于墙内，套管穿墙处的墙壁如遇非混凝土时，应改用混凝土墙壁，混凝土浇筑范围应比翼环直径大200~300mm。

套管处混凝土墙厚对于刚性套管不小于200mm，对于柔性套管不小于300mm，否则应使墙壁一侧或两侧加厚，加厚部分的直径应比翼环直径大200mm。

**3. 进水管穿地下室**

当进水管穿过地下室墙壁时，对于采用防水和防潮措施的地下室，应分别按图7-40a、b进行施工。

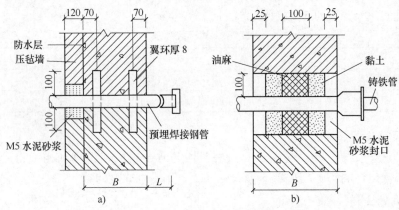

图7-40 进水管穿地下室构造

a）潮湿土壤（防水地下层） b）干燥土壤（防潮地下层）

**4. 电缆穿墙**

电缆穿墙时，除可用钢管保护外，还可用图7-41所示刚柔结合的做法。

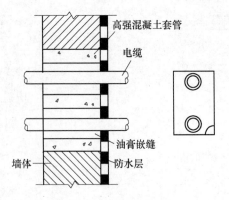

图7-41 电缆穿墙处理

## 小 结

1. 墙是建筑物重要的承重结构，设计中需要满足强度、刚度和稳定性的结构要求。同时墙体也是建筑物重要的围护结构，设计中需要满足不同的使用功能和热工要求。墙体按受力特点不同，有承重墙和非承重墙。墙身的构造组成包括墙脚构造、门窗洞口构造和墙身加固措施等。

2. 隔墙是非承重墙，有轻骨架隔墙、块材隔墙和板材隔墙。

3. 墙面装修分外墙装修和内墙装修。大量民用建筑的墙面装修可分为抹灰类、涂料类、贴面类和裱糊类。墙面装修的构造层次主要由底层、中层和面层组成。

## 绘 图 题

1. 画图表示墙体的组砌方式。

2. 绘制墙体结构布置的四种承重方案。

3. 图示并说明组合墙中设保温层的构造做法。

4. 某采暖建筑的外墙为砖墙，为减少冬季传热，请设计外墙的细部构造，要求包含过梁、窗台及墙身内部等方面。

5. 图示墙体隔蒸汽层的构造方式，标注构造层次及主要尺度。

6. 绘一砖墙的剖面详图，要求表明墙脚、窗台、过梁三个部位的构造大样。

7. 图示说明如何确定墙身水平防潮层的两种不同设置位置？

8. 绘图说明散水与勒脚间的节点处理，并用材料引出线注明其做法。

9. 图示说明圈梁遇洞口中断时，所设的附加圈梁与原圈梁的搭接关系。

## 实 训 题

试述混合结构中学教室采用纵墙承重和纵横墙承重两种承重方式的优缺点，并绘出结构平面布置简图。

# 第 **8** 章

# 楼板与地面

## 8.1 楼板的类型与要求

### 8.1.1 楼板的组成

楼板的基本组成可划分为结构层、面层和顶棚三个部分。

结构层：结构层一般为楼板或由梁和楼板组成。它是房屋的主要水平承重构件，它将作用在其上面的全部静、活荷载及自重传递给墙或柱，同时它对墙身起着水平支撑作用，以减少水平风力以及地震的水平荷载对墙面作用所产生的挠曲，增强房屋的整体性和刚度。

面层：起着保护楼板，承受并传递荷载的作用，同时对室内有很重要的清洁及装饰作用，并可以改善楼板的隔声性能。

图 8-1　楼板与地面

顶棚：附着于楼板或屋面板底部的部分，可分为直接式顶棚及吊顶棚两类。

楼板可根据需要增设如找平层、防水层、保温层、隔声层等构造层次。

### 8.1.2 楼板的类型

根据承重构件的材料，楼板分为木楼板、钢筋混凝土楼板、钢楼板及砖拱楼板等。

**1. 木楼板**

木楼板使用舒适，自重轻，保温性能好，节约钢材和水泥等；但易燃、易腐蚀、易被虫蛀，耐久性差，需耗用大量木材。目前主要用在产木地区、高级建筑及古建筑维修中。

**2. 钢筋混凝土楼板**

钢筋混凝土楼板有现浇（整体式）和装配式两种类型。这种楼板强度和刚度较高，耐火性和耐久性好，装配式更有工业化生产的优势。但自重较大，施工时对机械设备有一定要求，现浇式楼板现场湿作业较多，工期长。钢筋混凝土楼板隔声、保温性能及舒适性略差一些，可通过后期装修来改善其性能。钢筋混凝土楼板是目前应用最广泛的一种楼板。

**3. 钢楼板**

钢楼板是在型钢梁上铺设压型钢板，再在其上整浇混凝土组合而成。钢楼板强度高，施工方便，便于建筑工业化，较钢筋混凝土楼板自重轻，但防水性能较差，用钢量大，造价高。

**4. 砖拱楼板**

砖拱楼板利用砖砌成拱形结构形成。砖拱由墙或梁支承。采用砖拱楼板可节省木材、水泥和钢材，造价较低（图8-2）。但砖拱楼板抗震能力

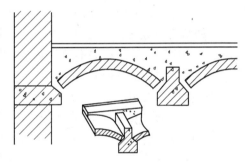

图 8-2　砖拱楼板

差，施工较麻烦，只能在低层房屋中采用，不宜用于地震区和地基条件差、易引起不均匀沉降的房屋。

### 8.1.3 楼板的设计要求

**1. 楼板应具有足够的强度和刚度**

楼板必须具有足够的强度和刚度才能保证楼板正常和安全使用。强度是指楼板能够承受自重和不同的使用要求下的使用荷载（如人群、家具设备等，称为活荷载）而不损坏。刚度是指楼板在一定的荷载作用下，不发生超过规定变形的挠度，以及人走动和重力作用下不发生显著的振动，否则就会使面层材料以及其他构配件损坏，产生裂缝等。

**2. 楼板应满足隔声的要求**

为了防止噪声通过楼板传到上下相邻的房间，影响其使用，楼板应具有一定的隔声能力。不同使用要求的房间对隔声的要求不同。

楼板的隔声包括隔绝空气传声和固体传声两方面。固体传声一般由上层房间对下层产生

影响，如步履声、移动家具对楼板的撞击声、缝纫机和洗衣机等振动对楼板的影响声等，都是通过楼板层构配件来传递的。由于声音在固体中传递时，声能衰减很少，所以固体传声的影响更大，是楼板隔声的重点。

隔绝固体传声简单有效的方法之一是采用富于弹性的铺面材料作面层，以吸收一些撞击能量，减弱楼板的振动。如铺设地毯、橡胶、塑料等。另外，还可以通过在面层下设置弹性垫层或在楼板底设置吊顶棚等方法来达到隔声的目的。

**3. 满足热工、防火、防潮等的要求**

在冬季采暖建筑中，假如上下两层温度不同时，应在楼板构造中设置保温材料，能使采暖方面减少热损失。

从防火和安全角度考虑，一般楼板承重构件，应尽量采用耐火材料制作。如果局部采用可燃材料时，应作防火特殊处理；木构件除了防火以外，还应注意防腐、防蛀。

潮湿的房间如卫生间、厨房等应要求楼板有不透水性。除了支承构件采用钢筋混凝土以外，还可以设置有防水性能、易于清洁的各种铺面，如面砖、水磨石等。与防潮要求较高的房间上下相邻时，还应对楼板作特殊处理。

**4. 楼板应满足经济方面的要求**

在多层房屋中，楼板的造价一般约占建筑造价的 20% ~ 30%，因此，楼板的设计应力求经济合理。应尽量就地取材，在进行结构布置和确定构造方案时，应与建筑物的质量标准和房间的使用要求相适应，并须结合施工要求，避免不切合实际而造成浪费。

**5. 楼板应满足建筑工业化的要求**

在多层或高层建筑中，楼板结构占相当大的比重，要求在楼板设计时，应尽量考虑减轻自重和减少材料的消耗，并为建筑工业化创造条件，以加快建设速度。

# 8.2　钢筋混凝土楼板的构造

钢筋混凝土楼板按施工方式的不同，分为现浇整体式、预制装配式和装配整体式三种类型。

## 8.2.1　现浇式钢筋混凝土楼板

现浇钢筋混凝土楼板在现场绑扎钢筋并支模浇筑混凝土而成；这种楼板整体性好，刚度大，有利于抗震，防水性能好并且成型自由，能适应各种不规则形状和需留孔洞等特殊要求的建筑。但现浇楼板耗费大量模板，现场湿作业量大且施工工期较长。

现浇钢筋混凝土楼板分为板式、梁板式、井式和无梁楼板四种。

**1. 板式楼板**

板式楼板一般单向简支在墙上，多用于较小跨度的走廊或房间，如居住建筑中浴厕、厨房等处。跨度一般在 2m 左右，可至 3m，板厚约 70mm，板内配置受力钢筋（设于板底）与分布钢筋，按短跨方向搁置。如方形或近似方形房间则需双向支承和配筋。

**2. 梁板式楼板**

房间跨度较大时，若仍采用板式楼板，则必须加大板的厚度和增加板内的配筋量，很不经济。因此，结构设计时常采用梁板式楼板，即设置梁作为板的支点来减小板的跨度。这时，楼板的荷载是由板传给梁，再由梁传到墙或柱上。梁板式楼板也被称为肋梁楼板。

梁有主梁和次梁之分，在进行结构布置时，主梁应沿房间的短跨方向布置，而次梁则沿垂直于主梁的方向布置（图 8-3），主梁可由砖石墙垛或钢筋混凝土柱、砖柱支承，它的经济跨度一般以 5~8m 为宜。梁的断面尺寸与梁跨有关，一般梁高 $h$ 为跨度的 1/8~1/14，梁宽为梁高的 1/2~1/3；主梁的间距即为次梁跨度，一般以 4~6m 为宜，次梁高为次梁跨度的 1/12~1/18，宽度为梁高的 1/2~1/3。板由次梁支承，次梁的间距即为板的跨度，通常取 1.7~2.7m，板厚 60~80mm。

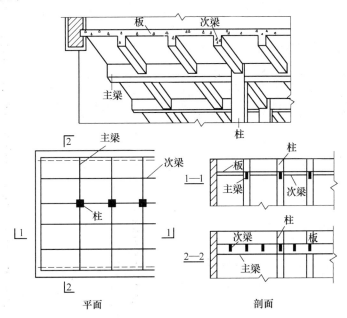

图 8-3 现浇梁板式楼板

当板的长边（即主梁间距）与短边（即次梁间距）之比大于 2 时，在荷载作用下，板基本上沿短方向传递荷载，所以称为单向板。当这一比值小于或等于 2 时，板在两个方向都有弯曲，即在两个方向都传递荷载，所以称为双向板。

**3. 井式楼板**

当梁板式楼板两个方向的梁不分主次，高度相等，同位相交，呈井字形时称为井式楼板。井式楼板实际上是梁板式楼板的一种特例。它的板为双向板，也是一种双向梁板式楼板。

井式楼板宜用于正方形平面，长短边之比≤1.5 的矩形平面也可采用。梁与楼板平面的边线可正交也可斜交。此种楼板的梁板布置图案美观，有装饰效果，并且由于两个方向的梁相互支撑，受力较好，为创造较大的建筑空间创造了条件，所以常用于公共建筑的门厅、大厅或跨度较大的房间。

**4. 无梁楼板**

无梁楼板的特点是将板直接支承在墙和柱上，不设主梁或次梁。为增大柱的支承面积和减少板的跨度，通常在柱顶加柱帽和托板等。柱帽的形式可以是方形、圆形或多边形等。

无梁楼板采用的柱网通常为正方形或接近正方形，这样较为经济。常用的柱网尺寸为6m 左右，柱子截面一般为正方形、圆形或多边形。楼板厚取 170～190mm。采用无梁楼板时顶棚平整，有利于室内的采光、通风，视觉效果好。无梁楼板的模板简单、施工方便，结构高度较一般梁板式楼板要小，但楼板较厚，浪费材料，当楼面荷载小于 $5.0kN/m^2$ 时不经济。无梁楼板常用于商场、仓库、多层车库及轻型工业厂房等建筑中。

## 8.2.2　预制装配式钢筋混凝土楼板

预制装配式钢筋混凝土楼板，是将楼板的梁、板预制成各种形式和规格的构件，在现场装配而成。由于构件在工厂或现场预制，可节省模板，改善劳动条件，提高效率，加快施工进度。但装配式楼板的整体性较现浇楼板差，并需要相应的起重安装设备。

### 8.2.2.1　板的类型

根据预制构件是否施加了预应力，可分为预应力和非预应力两种构件。

非顶应力构件是指普通钢筋混凝土构件，由于梁、板等都是受弯构件，而混凝土的抗拉能力很低，当构件受弯后，在受拉区的混凝土便很快出现裂缝，裂缝的开展不仅使构件的挠度增大，裂缝处的钢筋失去保护而易锈蚀，同时还限制了钢筋使用强度的充分发挥。但非预应力构件对材料、施工技术、施工设备等要求相对较低，目前仍广泛采用。

为克服非预应力构件这一缺点，在构件预制时对钢筋预先进行张拉，产生预应力，放松钢筋，使混凝土产生预加的压应力。这样构件受力后，受拉区混凝土一部分拉应力被预加的混凝土压应力抵消，这样混凝土就不容易开裂，使裂缝宽度大大减小。预应力钢筋混凝土构件的刚度大，受力后抗裂能力强，可以采用高强度钢材和高强度混凝土，充分发挥高强材料的作用。与非预应力构件相比，可节省钢材 30%～50%，节省混凝土 10%～30%，减轻自重，降低造价。预应力构件对施工设备和施工技术有一定要求，所以有条件时应优先选用。

装配式楼板有预制实心平板、空心板、槽形板、T 形板等。

**1. 实心平板**

预制实心平板（图 8-4）因跨度小，重量轻，制作简单，节约模板，造价较低，但隔声效果差，易漏水，在板跨较大时因板厚增大则不经济。常用作过道、厨房、厕所等处的楼板，也可作架空搁板、管道盖板等。普通钢筋混凝土平板的跨度一般等于或小于 2.5m，常用板厚 50～80mm，板宽约为 400～900mm 左右。板宽上下相差 20mm 是为了便于灌缝和识别方向。

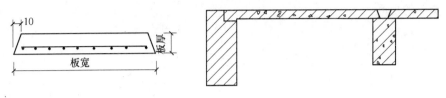

图 8-4  预制实心平板

## 2. 空心板

空心板（图 8-5）是在民用建筑中应用极为广泛的构件，由于它去掉了中性轴附近的混凝土形成孔洞，所以节省混凝土，也减轻了自重。

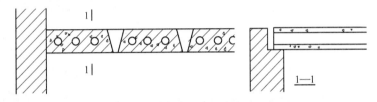

图 8-5  预制空心平板

空心板表面平整，板中孔洞还可敷设电气管线，而且有较好的隔音效果。其孔洞有圆孔、椭圆孔和方孔等。方孔能节省较多的混凝土，但脱模较为困难，易出现裂缝。椭圆孔和圆孔增大了肋的截面面积，使板的刚度增强，对受力有利，同时抽芯脱模也较方便。目前多采用圆孔空心板。

空心板的规格尺寸，各地不尽相同，板厚多为 110～180mm，板宽 600～1200mm，非预应力空心板板跨多在 4500mm 以内，预应力空心板最大板跨可达 6000～6900mm 左右。

空心板在安装前，板的两端孔内应用砖块或混凝土填实。堵塞两端的孔不仅能避免板端被上部墙体压坏，也能增加隔声和隔热效果。

## 3. 槽形板

槽形板是由纵肋、横肋和上板所组成，是一种梁板合一的构件（图 8-6）。槽形板自重轻，制作与施工简便，便于开设较大的管道洞口。但槽形板隔声效果差，容易积灰。作用在槽形板上的荷载主要由两侧的纵肋承受，因此板可以做得很薄（板厚 30～35mm）。为了增加槽形板的刚度，在两纵肋之间增加横肋，在板的两端以端肋封闭。

槽形板的常见跨度为 3～6m，肋高 150～300mm，板宽有 600mm、900mm、1200mm 等。

槽形板分槽口向下（正槽形板）和槽口向上（反槽形板）两种类型。正槽形板肋在板下面，受力合理，楼面平整，但下面有肋突出，对于要求天棚平齐的房间，要在板下做吊顶。反槽形板肋在板的上面，受力不很合理，对肋的质量要求较高，比正槽形板费钢筋和混凝土，但板底平整，可利用槽口内的空间放置隔声、隔热材料，上面另做面层，较适合对楼面有特殊要求的房间。

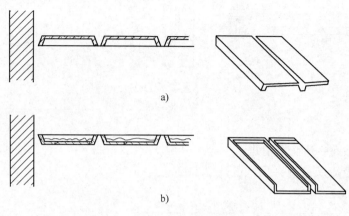

a)

b)

图 8-6　槽形板

### 4. T 形板

T 形板有单 T 板和双 T 板两种（图 8-7），也是一种梁板结合构件。T 形板具有跨度大、多功能的特点，可作楼板也可作墙板。T 形板板宽一般为 $1.2 \sim 2.4m$，跨度 $6 \sim 12m$，板厚一般为长度的 $1/15 \sim 1/20$。

T 形板一般用于较大跨度的民用建筑和较大荷载的工业建筑。

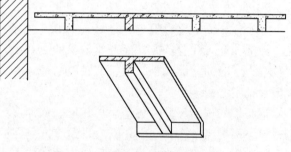

图 8-7　T 形板

### 8.2.2.2　预制板的布置和细部处理

#### 1. 预制楼板的布置方式

对建筑方案进行楼板布置时，首先应根据房间的使用要求确定板的种类，再根据开间与进深尺寸确定楼板的支承方式，然后根据现有板的规格进行合理的安排。板的支承方式有板式和梁板式，预制板直接搁置在墙上的称板式布置，若楼板支承在梁上，梁再搁置在墙上的称为梁板式布置（图 8-8）。在确定板的规格时，应首选以房间的短边长度作为板跨。一般要求板的规格、类型愈少愈好。

当采用梁板式支承方式时，板在梁上的搁置方案一般有两种，一种是板直接搁在梁顶上，见图 8-9a；另一种是将板搁置在花篮梁或十字梁两翼上，见图 8-9b，板面与梁顶齐平，当梁高不变的情况下，这种方式相应地提高了室内净空高度。

#### 2. 预制楼板的细部构造处理

（1）板缝处理　为了便于板的安装铺设，板与板之间常留有缝隙。板的侧缝构造一般有三种形式：V 形缝、U 形缝和凹槽缝（图 8-10）。为了加强板的整体性，缝较小（缝宽 10

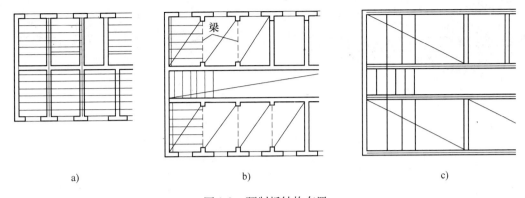

图 8-8　预制板结构布置

a）横墙承重板式结构　b）梁板式结构　c）纵墙承重板式结构

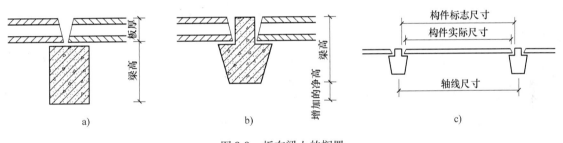

图 8-9　板在梁上的搁置

a）板搁在矩形梁顶上　b）板搁在花篮梁上　c）板的计算长度

~30mm）时，板缝内须灌入细石混凝土，并要求灌缝密实，避免在板缝处出现裂缝而影响楼板的使用和美观，见图 8-11a。

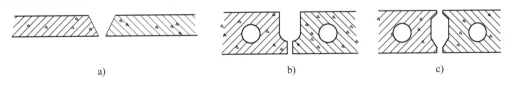

图 8-10　侧缝三种接缝形式

a）V 形缝　b）U 形缝　c）凹槽缝

V 形缝与 U 形缝板缝构造简单，便于灌缝，所以应用较广；凹槽缝有利于加强楼板的整体刚度，板缝能起到传递荷载的作用，使相邻板能共同工作，但施工较麻烦。

当板缝宽度≥50mm 时，常在缝中配置钢筋再灌以细石混凝土，见图 8-11b。当板缝宽度 >120mm 时，采用钢筋骨架现浇板带处理，缝宽≤120mm 时，可沿墙挑砖填缝，见图 8-11c、d。

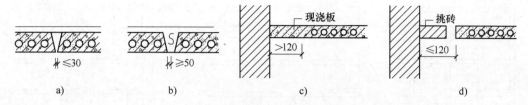

图 8-11 板缝及板缝差的处理

a）缝较小（缝宽 10～30mm）时，用水泥砂浆或细石混凝土灌缝　b）缝宽≥50mm 时，需配筋

c）当缝宽>120mm 时，用现浇板填补　d）缝宽≤120mm 可沿墙挑砖处理

（2）楼板的搁置与锚固　预制板搁置在墙或梁上时，应保证有一定的搁置长度，在墙上的搁置长度不小于 90mm；在梁上的搁置长度不少于 60mm。搁置时必须在墙上或梁上铺以 M5 水泥砂浆 10～20mm 厚（俗称坐浆），以利于二者连接。

为了增强楼板的整体刚度，特别是处于地基条件较差地段或地震区，应在板与墙及板端连接处设置锚固钢筋，如图 8-12 所示。

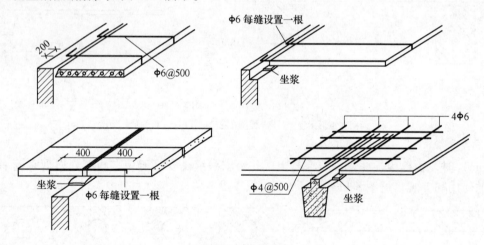

图 8-12 板的锚固

（3）楼板上立隔墙的处理　隔墙若为轻质材料时，可直接立于楼板之上。如果采用自重较大的材料，如普通砖等作隔墙，则不宜将隔墙直接搁置在楼板上，特别应避免将隔墙的荷载集中在一块楼板上。对有小梁搁置的楼板或槽形板，通常将隔墙搁置在小梁上或槽形板的边肋上，见图 8-13a、b。如果是空心板作楼板，可在隔墙下作现浇板带或设置预制梁解决，见图 8-13c。

（4）板的面层处理　预制板铺设的楼面上，由于预制构件的尺寸误差或施工上的原因会造成板面不平，需做 20～30mm 厚水泥砂浆找平层。但为增加楼板面层的整体性，宜做 35～40mm 厚细石混凝土整浇层；电线管等小口径管线可以直接埋在整浇层内。装修标准较低

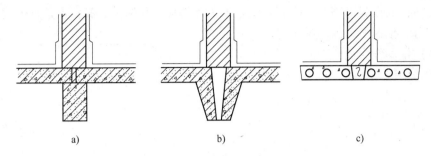

图 8-13 隔墙与楼板的关系

a）隔墙支承在墙上　b）隔墙支承在纵肋上　c）板缝配筋

的建筑物，可直接将水泥砂浆找平层或细石混凝土整浇层表面抹光，要求较高须在找平层上另做面层。

### 8.2.3 装配整体式钢筋混凝土楼板

#### 1. 密肋填充块楼板

密肋填充块楼板由密肋、楼板和填充块叠合而成。密肋小梁有现浇和预制两种方式。

现浇密肋和现浇板组合在一起，以陶土空心砖或矿渣混凝土空心块作为肋间填块，见图 8-14a，混凝土肋的间距随填块的尺寸而异，一般在 300～600mm 之间。肋间借砖块周边的凹槽与混凝土咬结，使楼板的整体性更强，面层板厚 40～50mm。由于采用空心砖块填充，对隔声、隔热较为有利，同时板底抹面后较为平整，无需另作吊顶。此外，空心砖孔内可穿管线，对节约空间也较为有利。

也可在预制小梁间铺置预制陶土空心砖、矿渣混凝土空心块、煤渣空心砖以及预制砖拱块等，然后现浇面层混凝土，见图 8-14b。

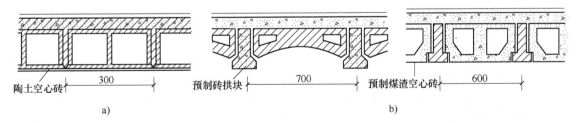

图 8-14 密肋楼板

a）现浇密肋楼板　b）预制小梁密肋楼板

#### 2. 叠合式楼板

叠合式楼板指用预制的预应力钢筋混凝土薄板作底板，与现浇混凝土面层叠合而成的装配整体式楼板（图 8-15）。叠合式楼板节省模板，整体性好，利于工业化施工；但叠合面处理困难。

叠合式楼板的预制钢筋混凝土薄板既是永久性模板承受施工荷载，也是整个楼板结构的一个组成部分。预应力钢筋混凝土薄板内配以高强度钢丝作为预应力筋，同时也是楼板的跨中受力钢筋，板面现浇叠合层，只需配置少量的支座负弯矩钢筋。所有楼板层中的管线均可事先埋在叠合层内。预制薄板作底板底面平整，作为顶棚可直接喷浆或粘贴装饰顶棚壁纸。

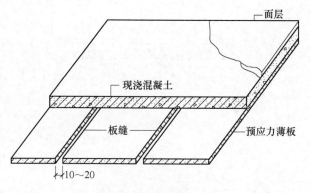

图 8-15　叠合式楼板

　　叠合楼板跨度一般为 4～6m，最大可达 9m；以 5.4m 以内较为经济，预应力薄板厚度根据结构计算确定，通常为 60～70mm，板宽 1.1～1.8m；板间应留 10～20mm 的空隙。现浇叠合层的混凝土强度等级为 C20，厚度一般为 70～120mm。叠合楼板的总厚度取决于板的跨度，一般为 150～200mm。

## 8.2.4　顶棚构造

　　顶棚又称天花或天棚。顶棚可以提高室内的装饰效果，顶棚的高低、造型、色彩、照明和细部处理，对人们的空间感受具有相当重要的影响。顶棚往往具有保温、隔热、隔声、吸音或反射声音等作用，而且可以增加室内亮度。此外，人们还经常利用吊顶棚内的有限空间来处理好人工照明、空气调节、音响、防火技术等问题。

　　顶棚可分为直接抹灰顶棚和吊顶棚两大类。

**1. 直接抹灰顶棚**

　　直接式顶棚是在屋面板、楼板等的底面进行直接喷浆、抹灰或粘贴墙纸等而达到装饰目的。此类顶棚的构造一般与内墙饰面的抹灰类、涂刷类、裱糊类基本相同。

　　直接抹灰顶棚常用的抹灰材料有纸筋灰抹灰、石灰砂浆抹灰、水泥砂浆抹灰等，其具体做法是：先在顶棚的基层即楼板底面，刷一遍纯水泥浆，使抹灰层能与基层很好地粘合，然后用混合砂浆打底，再做面层。喷刷类顶棚是在屋面板底或楼板底直接用浆料喷刷而成的，其常用材料有石灰浆、大白浆、色粉浆、彩色水泥浆、可赛银浆等。对于要求较高的房间顶棚，可以采用贴墙纸、贴墙布以及用其他一些织物直接裱糊而成。

**2. 吊顶棚**

　　吊顶棚简称"吊顶"。对一些隔声或吸声要求较高，或楼板底部不平而又需要平整，或在楼板底敷设管线的房间，常在楼板的下部空间作吊顶。

　　（1）吊顶的组成　吊顶在构造上由吊筋、支承结构、基层和面层四个部分组成。

　　吊筋：吊筋有木吊筋、圆钢或扁钢吊筋，它上部与屋顶或楼板的结构构件相连接，下部与顶棚的支承结构相连接。

支承结构：吊顶的支承结构是主龙骨，由吊筋悬吊在屋顶檩条或楼板、屋面板下（图8-16）。主龙骨一般垂直屋架或主梁布置，间距约 1.5m，材料可用圆木、方木或金属型材。断面尺寸由结构计算确定。吊筋和主龙骨的连接，根据不同材料，采用钉、螺柱、勾挂、焊接等方法。

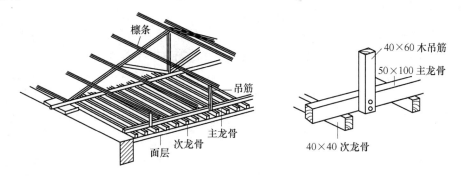

图 8-16　木骨架吊顶的组成

基层：吊顶基层是用来固定面层的，它由次龙骨和间距龙骨组合成吊顶棚架（图8-17）。骨架材料有木材、型钢或轻金属型材，其布置形式及间距视面层材料而定。次龙骨间距不大于 600mm，次龙骨与主龙骨的连接可采用钢丝或小方木，连接方式根据不同材料分别采用钉、螺柱、勾挂或焊接等不同方法。

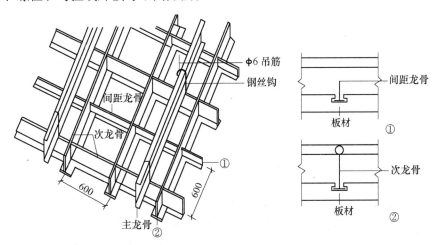

图 8-17　金属骨架吊顶的组成

面层：面层即吊顶的饰面部分。一般吊顶以饰面材料的不同而分别命名。如板条抹灰吊顶、钢板网抹灰吊顶、纤维板吊顶、石膏板吊顶、矿棉板吊顶、金属板吊顶等。

（2）吊顶的分类　吊顶由于基层材料的不同可分为木骨架吊顶和金属骨架吊顶。由于面层材料及构造做法不同可分为抹灰类吊顶和板材类吊顶。

常见的抹灰类吊顶有板条抹灰、板条钢板网抹灰、钢板网抹灰等几种。

板材类吊顶可分为植物板材吊顶、矿物板材吊顶和金属板材吊顶几种。

其中常见的植物板材吊顶有木板、胶合板、硬或软质纤维板、装饰吸音板、木丝板、刨花板等板材吊顶。矿物板材吊顶用石棉水泥板、石膏板、矿棉板及玻璃棉板等成品板材作面层，一般用于金属龙骨基层。金属板材吊顶是用轻质金属板材，如铝合金板、薄钢板、镀锌板等作面层，常用的型材有压型薄钢板和铸轧铝合金型材两类。

（3）吊顶的构造

①灰板条抹灰吊顶和板条钢板网抹灰吊顶　抹灰类吊顶表面平整光洁，整体感好，也被称为"整体式吊顶"。用于要求表面大面积平滑或有比较特殊的形体，如曲面、折面时，往往可取得较好效果。

灰板条抹灰吊顶一般采用木龙骨。主龙骨断面尺寸由结构计算确定，中距不超过 1.5 m，次龙骨（单向或双向布置）断面为 40mm×40mm，中距为 400～600mm。板条的截面尺寸以 10mm×30mm 为宜，灰口缝隙 8～10mm，以利于灰浆挤入嵌牢。板条接头处不得空悬，并错开排列，以免板条变形而造成抹灰开裂。板条抹灰一般采用纸筋灰，其做法同纸筋灰内墙面（图 8-18）。

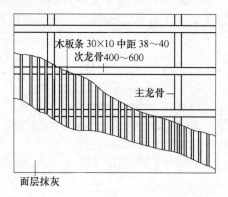
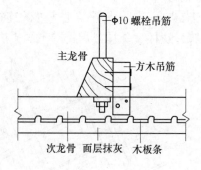

图 8-18　灰板条抹灰吊顶

灰板条抹灰吊顶的构造简单，但粉刷层受振动易开裂掉灰，且不防火，所以使用时受一定限制。为使灰浆与基层结合得更好，可在板条上加钉一层钢丝网，钢丝网网眼不大于 10mm，这样，板条的中距可由前者的 38～40mm 加宽至 60mm，如图 8-19 所示。

②人工合成植物板材吊顶　人工合成植物板材如胶合板（三合板或五合板）、硬质纤维板、软质纤维板、装饰软质纤维板、装饰吸音板、木丝板、刨花板等，这类板材的构造做法及原理基本相同，一般均用木龙骨。作基层的龙骨必须结合板材的规格进行布置。龙骨中距最小尺寸 305mm×305mm，最大尺寸 610mm×610mm，超过 610mm 时，中间应加小龙骨

（即间距龙骨），龙骨断面为 50mm×50mm，如图 8-20 所示。

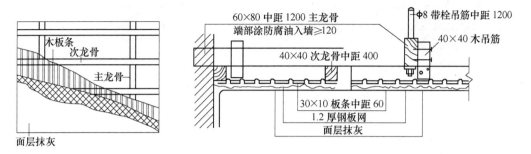

图 8-19　板条钢板网抹灰

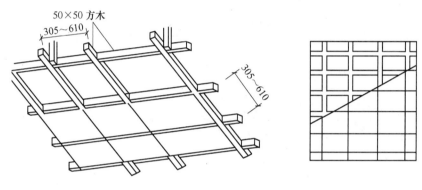

图 8-20　胶合板面顶棚

板面根据需要可喷色浆、油浆，亦可裱糊墙布或锦缎。如需做吸声构造时，可在板材表面钻孔，并在上部铺设吸音材料，如矿棉、玻璃棉等。钻孔可按各种图案进行，孔眼直径和间距由声学要求来确定。

板缝拼接处可为立槽缝或斜槽缝，或不留缝槽而用纱布或棉纸粘贴，如图 8-21 所示。

③石膏装饰吸声板吊顶　用于顶棚的石膏装饰吸声板有普通型的和纸面石膏装饰吸声板两种。常见规格为 300～600mm 见方，厚度 9～12mm。

石膏装饰吸声板吊顶一般采用薄壁轻钢龙骨。不上人的吊顶多采用φ6 钢筋或带螺栓的φ9 钢筋作吊筋，间距 900～1200mm。次龙骨采用各种吊件与主龙骨连接，次龙骨的间距根据板的规格而定。

板材固定在次龙骨上，其固定方式有挂结方式、卡结方式和钉结方式三种。

④矿棉板和玻璃棉板吊顶　矿棉板和玻璃棉板质轻、吸声、保温、耐燃、耐高温，特别适合于有一定防火要求的顶棚。它们可以作为吸声板，直接用于顶棚或与其他材料结合使用，成为吸声顶棚。这两种板材多为方形或矩形，方形时边长 300～600mm，厚度 12～50mm 不等，可直接安装在金属龙骨上。安装方式可分为全露明式、半露明式和全隐蔽式三种（图 8-22）。

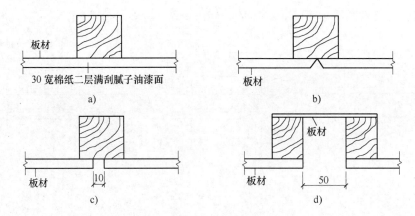

图 8-21　板缝做法

a）密缝做法　b）斜槽缝做法　c）小立缝做法　d）大立缝做法

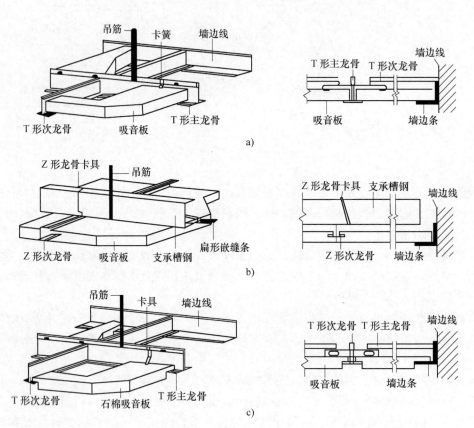

图 8-22　矿棉板安装构造示意

a）T 形龙骨全露明式　b）T 形龙骨全隐蔽式　c）T 形龙骨半露明式

# 8.3 楼地面的种类、组成、材料和构造

## 8.3.1 楼地面的种类、组成与要求

### 1. 楼地面的种类

地面可归纳为四类：整体地面、块料地面、木地面和人造软制品地面。

### 2. 楼地面的组成

人们常将"楼面"与"地面"统称为"楼地面"，这是因为楼地面的功能及使用要求基本相同，在基本构造组成上又有很多共同之处。由于支承结构不同，它们又各有特点，楼板结构的弹性变形较小，而地面承重层的弹性变形较大。

楼地面均由基层、垫层和面层三部分组成。楼地面的构造如图 8-23 所示。

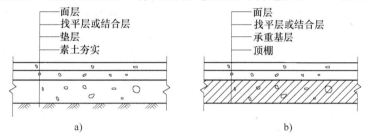

图 8-23 楼地面的基本构造组成

a）底层地面的组成 b）楼层地面的组成

基层的作用是承受其上的全部荷载，因此，基层必须坚固、稳定。地面的基层多为素土、灰土或三合土，并分层夯实。楼面的基层即是楼板。

垫层位于基层之上、面层之下，是承受和传递面层荷载的构造层次。楼层的垫层，具有隔声和找坡作用，无特殊需要一般不设。根据材料性质的不同，垫层分为刚性垫层和柔性垫层两种。

刚性垫层的整体刚度好，受力后不产生塑性变形，一般采用 C7.5 ～ C10 混凝土，这种垫层多用于整体面层下面或小块料的面层下面。柔性垫层无整体刚度，受力后会产生塑性变形，一般由松散状的材料组成，如砂、碎石、炉渣、矿渣、灰土等。

面层是楼地面的最上层，一般楼地面均以面层材料来命名。面层与人们直接接触，也承受外界各种物理化学作用。因此，根据不同的材料与要求，面层的构造做法也各不相同。

### 3. 楼地面的设计要求

（1）足够的坚固性 地面应当不易被磨损、破坏，表面平整光洁，易清洁，不起灰。并对楼地层的结构层起保护作用。

（2）良好的保温性和弹性 从人们使用的角度考虑，地面材料导热系数要小，以免冬

季给人过冷的感觉。考虑人行走的感受，面层材料不宜过硬，有弹性的面层也有利于减少噪声。

（3）具有良好的防潮、防火和耐腐蚀性　对于一些特别潮湿的房间，如浴室、卫生间、厨房等，要求耐潮湿、不渗水；有火源的房间，地面应防火、不燃烧；有酸碱腐蚀的房间，地面应具有防腐蚀能力。

（4）满足美观要求　应与墙面、顶棚等统一考虑色彩、肌理、光影等，并与室内空间的使用性质相协调。

## 8.3.2　地面的材料与构造

### 8.3.2.1　整体地面

整体地面指水泥地面、混凝土地面、水磨石地面等在现场整浇而成的地面。

**1. 水泥地面**

水泥地面构造简单，坚固防水，造价较低，在一般民用建筑中采用较多。但其吸热系数大，冬天感觉冷，在空气相对湿度较大时易产生凝结水，而且表面易起灰，不易清洁。

水泥地面较简单的做法，通常又称之为"随捣随抹光法"，是在混凝土垫层浇好后，用铁辊压浆，待水泛到表面时撒1:1水泥黄砂，然后用铁板抹光。这种做法又称混凝土地面，比较经济，但是水泥表面较薄，容易磨损。

水泥地面通常的做法是在结构层（垫层）上抹水泥砂浆，一般有双层和单层两种。双层先用15~20mm厚1:3水泥砂浆打底作找平层，面层用5~10mm厚1:2水泥砂浆抹面；单层只是在基层上抹一层15~20mm厚1:2.5水泥砂浆，抹平后待其终凝前用铁板抹光。双层的施工虽复杂，但开裂较少。

在水泥中掺入一些颜料，可以做成不同颜色的地面。图8-24为掺有氧化铁红的矾红水泥地面构造示意。

为了提高水泥地面的耐磨性和光洁度，常用干硬性水泥作原料；或用石屑代替砂作集料，表面用磨光机磨光，称

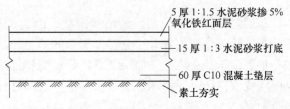

图8-24　矾红水泥地面构造

为豆石地面或瓜米石地面，这种地面性能近似水磨石，但造价仅为水磨石的50%。在一般水泥地面上涂抹氟硅酸或氟硅酸盐溶液，形成"氟化水泥地面"。一些有防滑要求的水泥地面，可将面层做成各种纹样的粗糙表面，这种地面称为"防滑水泥地面"。

**2. 现浇水磨石地面**

水磨石地面，又称"磨石子地面"，它是将天然石料（大理石、白云石等中等硬度石料）的石屑，用水泥浆拌和在一起，浇抹结硬再经磨光、打蜡而成的。

水磨石地面具有与天然石料近似的耐磨性、耐久性、耐酸碱性，其表面光洁，不易起灰，有良好的抗水性，但导热系数大，并且比水泥地面更易返潮。

现浇水磨石地面的构造，一般分为两层，面层材料由 10 ~ 15mm 厚 1:2 或 1:3 水泥石子浆构成，其厚度一般随石子粒径的变化而定。底层用 12 ~ 15mm 厚 1:3 水泥砂浆找平。现浇水磨石地面也可以用大于 30mm 的石粒，甚至用破碎大理石构成不同风格的花纹。水磨石面层不得掺砂，否则容易出现孔隙，见图 8-25a。

美术水磨石是采用白水泥加石屑，或彩色水泥加石屑制成的。由于所用石屑的色彩、粒径、形状、级配不同，可构成不同色彩、纹理的图案，既可以用白水泥、彩色石粒，也可以用彩色水泥和彩色石粒制作。

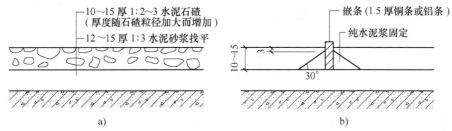

图 8-25  现浇水磨石地面
a）现浇水磨石  b）嵌条做法

现浇水磨石地面是在施工现场进行拌料、浇抹、养护和磨光而成的。现浇时，采用嵌条进行分格，可选用 3mm 厚玻璃条或 1.5mm 厚铜条、铝条（图 8-25b），分格大小随设计而异，亦可按设计要求做成各种花纹或图案；同时，要注意防止因气温变化产生不规则裂缝。

#### 8.3.2.2  板块料地面

板块料地面，是指用胶结材料将板块状地面材料，如预制水磨石板、大理石板、花岗石板、缸砖、陶瓷锦砖、水泥花砖等，用铺砌或粘贴的方式，使之与基层粘结固定所形成的地面。这类地面有花色多、品种全、经久耐用、易于保持清洁等优点，但有造价偏高、工效低等缺点。

板块料地面通常用于人流较大，对耐磨损、保持清洁等方面要求较高的场所，或者比较潮湿的地方。但其弹性差，保温与隔声性能较差，一般不宜用于居室、宾馆客房等处，而适宜用于人们要长时间逗留、行走或需要保持高度安静的地方。

板块料地面要求铺砌和粘贴平整，一般胶结材料既起胶结作用又起找平作用，也有先做找平层再做胶结层的。常用的胶结材料有水泥砂浆、沥青玛琋脂等，也有用砂或细炉渣作为结合层的。

#### 1. 陶瓷锦砖地面

陶瓷锦砖又称马赛克，是一种小尺寸的瓷砖。根据它的花色品种，可以拼成各种花纹，故名"锦砖"。陶瓷锦砖表面光滑，质地坚实，色泽多样，比较经久耐用，并耐酸碱、防火、耐磨、不透水、易清洗。陶瓷锦砖经常被用于浴厕、厨房、化验室等处地面。

陶瓷锦砖的形状较多，正方形的一般为 15 ~ 39mm 见方，厚度为 4mm 或 5mm。在工厂内预先按设计的图案拼好；然后将其正面粘贴在牛皮纸上，成为 300~600mm 见方的大张，块与块之间留有 1mm 的缝隙。拼贴完毕后洗去牛皮纸，并用白水泥嵌缝，如图 8-26 所示。

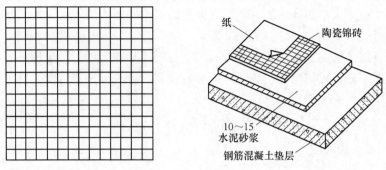

图 8-26　陶瓷锦砖地面

### 2. 陶瓷地砖地面

陶瓷地砖又称墙地砖，分无釉亚光和彩釉抛光两大类。它们的色彩与形状都很丰富，以正方形与长方形的比较常见，正方形的一般边长在 150~400mm 之间，厚度 6~10mm，块较大时装饰效果较好，且施工方便。

陶瓷地砖一般背面均有凹槽，使砖块能与结构层粘结牢固。铺贴时，必须注意平整，保持纵横平直，胶结材料用 10mm 厚 1:2 干硬性水泥砂浆，铺贴完毕需用干水泥擦缝，如图 8-27 所示。

### 3. 预制板、块料地面

常见的预制板、块料主要有预制水磨石板、预制混凝土板及大阶砖的水泥花砖等。其尺寸一般为 200~500mm 见方，厚约 20~50mm。图 8-28 为预制水磨石板示意图，它与现浇水磨石相比，能够提高施工机械化水平，减轻劳动强度，提高质量，缩短工期，但是它的厚度较大，自重大，价格也较高。

图 8-27　陶瓷地砖地面　　　　　　图 8-28　预制水磨石板构造

预制板块与基层的连接有两种方式：用松散材料铺贴和用胶凝材料粘贴，见图 8-29。

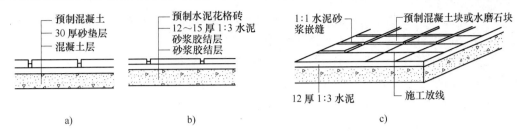

图 8-29 预制块地面构造

### 4. 大理石地面

大理石具有斑驳纹理，色泽鲜艳美丽，其硬度比花岗石稍差，一般多用于室内装修。用于室内地面的大理石板多为经过磨光的镜面板，一般厚度 20～30mm，每块大小 300～600mm 见方。方整的大理石板，多采用紧拼对缝，接缝不大于 1mm，铺贴后用纯水泥扫缝；铺贴完毕应粘贴纸或覆盖麻袋加以保护，待结合层水泥强度达 60%～70% 后，方可进行细磨和打蜡。如果是防水要求较高的楼面，则可预铺防水层及采用沥青油膏作为粘结材料，如图 8-30 所示。

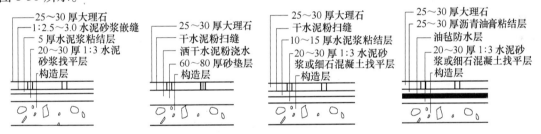

图 8-30 大理石地面构造

### 8.3.2.3 木地面

木地面是指表面由木板铺钉或胶合而成的地面。它不仅具有良好的弹性、蓄热性和接触感，而且还具有不起灰、易清洁、不返潮等特点，所以常用于住宅卧室、宾馆客房等。

木地板有长条木地板和拼花木地板两种。常用的硬木地板规格参见表 8-1。

表 8-1 常用硬木地板的规格与树种

| 类别 | 层次 | 规格/mm | | | 常用树种 | 附注 |
| --- | --- | --- | --- | --- | --- | --- |
| | | 厚 | 长 | 宽 | | |
| 长条地板 | 面 | 12～18 | >800 | 30～50 | 硬杂木、柞木、色木、水曲柳 | |
| | 底 | 25～50 | >800 | 75～150 | 杉木、松木 | |
| 拼花地板 | 面 | 12～18 | 200～300 | 25～40 | 水曲柳、核桃木、柞木、柳安 | 单层硬木拼花仅能用于实铺法 |
| | 底 | 25～30 | >800 | 75～150 | 杉木、松木 | |

长条地板应顺序沿采光方向铺设，走道则沿行走方向铺设，以避免暴露施工中留下的凹凸不平的缺陷，也可减少磨损，方便清扫。

拼花地板可以在现场拼装，也可以在工厂预制成 200～400mm 见方的板材，然后运到工地进行铺钉。拼板应选用耐水、防腐的胶水粘结。

木地面有空铺式地面、实铺式地面、弹性地面、弹簧地面等多种做法。

### 1. 空铺式木地面

空铺式木地面常用于底层地面，主要指支承木地板的搁栅架空搁置，使地面下有足够的空间以便通风保持干燥，防止搁栅腐烂损坏。当房间开间尺寸不大时，搁栅两端可直接搁置在砖墙上；当开间尺寸较大时，常在下面增设地垄墙或砖墩支承搁栅。地垄墙中距约 800mm。为了防止地面的潮气上升导致木材腐蚀，地面上应满铺一层灰土、碎砖三合土或混凝土。

搁栅可用圆木或方木，圆木直径常为 100～200mm，方木为（50～60）mm×（100～200）mm，中距 400mm。为了保证搁栅端头均匀传力，须沿地垄墙上放置 500mm×100mm 截面的通长垫木（又称沿游木），在柱墩处可用 50mm×120mm×120mm 的垫块；垫木（块）作防腐处理，并在其下铺油毡一层或抹 20mm 厚 1:2 水泥砂浆一层，如图 8-31 所示。

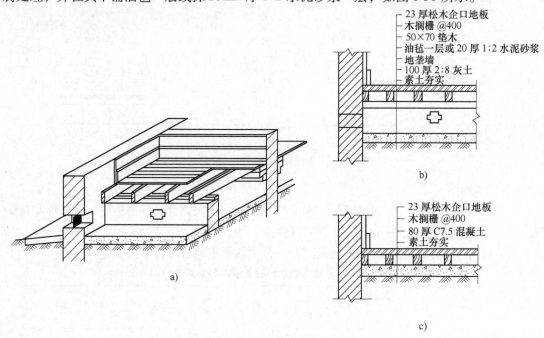

图 8-31　木地面构造
a）空铺木地面透视　b）空铺木地面　c）实铺木地面

搁栅上铺钉木地板，并做成半缝、错口缝、企口缝和销板缝等几种拼缝形式（图 8-

32）。为防止木板翘曲，应在板底刨一凹槽，并尽量使向心材的一面向下。木板须用暗钉，以便于表面刨光或油漆。

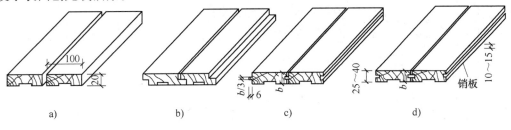

图 8-32　拼缝形式

a）平缝　b）错口缝　c）企口缝　d）销板缝

当面层采用拼花地面时，须采用双层木板铺钉，下层板称毛板，可采用普通木料，截面一般为 20mm×100mm，且与搁栅呈 45°方向铺钉。面层则采用硬木拼花，拼花形式根据设计图案确定。如果是硬条木双层地板，其毛板的做法相同。

空铺木地面外墙应留通风洞，地垄墙上应设通风洞，墙洞口上为防止虫鼠进入要加钢丝网罩。在北方寒冷地区冬季应堵严保温。

**2. 实铺式木地面**

实铺式木地面，是指直接在实体基层上铺设的木地面。如在钢筋混凝土楼板或在混凝土垫层上直接做木地面。这种做法构造简单，结构安全可靠，节约木材，所以被广泛采用。实铺式木地面有搁栅式与直接粘贴式两种方法。

（1）搁栅式　搁栅式实铺木地面是在结构基层找平的基础上，固定梯形或矩形的木搁栅。搁栅截面较小，矩形一般为 50mm×50mm，中距 400mm。搁栅借助于预埋在结构层内的 U 形件嵌固或用镀锌钢丝扎牢。底层地面为了防潮，须在结构找平后涂冷底子油和热沥青各一道。为保证木搁栅层通风干燥，通常在木地板与墙面之间留有 10～20mm 的空隙，并且在踢脚板上设通风孔。搁栅式实铺木地面可以双层或单层铺钉，如图 8-33a、b 所示。

（2）粘贴式　粘贴式实铺木地面是在结构层上做好找平层，然后用粘结材料，将木板直接粘贴上，如图 8-33c 所示。粘贴式地面省去了搁栅和毛板，可节约木板 30%～50%。因此，它具有结构高度小，经济性好等优点，但是地板的弹性差，使用中维修困难。

**8.3.2.4　人造软制品地面**

常用于地面装修的人造软制品，有油地毡、塑料制品、橡胶制品及地毯等几种。按制品成型的不同，人造软制品可分为块材与卷材两类。块材可以拼成各种图案，施工灵活，修补简单；卷材整体性较好，但施工繁重，修理不便。

下面以软质聚氯乙烯地面和半硬质聚氯乙烯地板为例，说明卷材和块材的铺贴方法。

**1. 软质聚氯乙烯地面**

软质聚氯乙烯地面，是由聚氯乙烯（PVC）树脂、增塑剂、稳定剂、填充料和颜料等掺

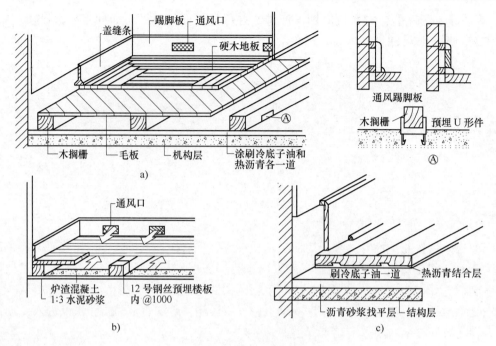

图 8-33　实铺式木地板

a)、b) 搁栅式　c) 粘贴式

和制成的热塑性塑料制品，其幅面宽一般为 1800mm 或 2000mm。

软质卷材地面粘贴时，应选用与制品相配套的粘结剂。粘结剂的粘结强度应不小于 $2kg/cm^2$，对面板与基层均不能有腐蚀性，便于施工。当处于 60℃ 以下的温度时，粘结剂应具有良好的稳定性。

施工时，首先应进行基层处理。即要求水泥砂浆找平层平整、光洁，无突出物、灰尘、砂粒等，含水率应在 10% 以下：如在施工前刷一道冷底子油，可增加粘结剂与基层的附着力。

卷材应先在地面上松卷摊开，静置一段时间，使其充分收缩，以免横向伸长产生相碰翘边。然后，根据房间尺寸和卷材宽度及花纹图案划出铺贴控制线，卷材按控制线铺平后，对准花纹条格剪裁。涂粘结剂时，从一面墙开始，涂刷厚度要求均匀，接缝边沿留 50mm 暂不涂刷。涂刷后约 3~5 分钟，使胶淌平，等部分溶剂挥发后再进行粘贴，先粘贴一幅的一半，再涂刷、粘贴另一半。铺贴后，由中间往两边用滚筒赶压铺平，排除空气，如图 8-34 所示。

铺第二幅卷材时，为了接缝密实，可采用叠割法。其方法是：在接缝处搭接 20~50mm，然后居中轴线，用钢板尺压在线上或用铁块紧压切割，再撕掉边条补涂胶液，压实粘牢，用滚筒液压平整，如 8-35 所示。

软质卷材地板也可以不用粘结剂，采用拼焊法铺贴。其方法是：将地板切成斜口，用三角形塑料焊条和电热焊枪进行焊接，如图 8-35c 所示。采用拼焊法可将塑料地面接成整张地毯，空铺于找平层上，四周与墙身留有伸缩缝隙，以防地毯热胀起拱。

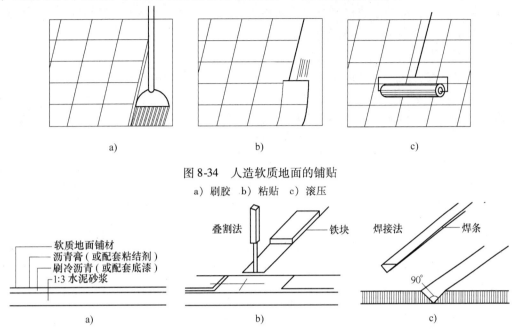

图 8-34　人造软质地面的铺贴
a）刷胶　b）粘贴　c）滚压

图 8-35　人造软质地面构造
a）构造做法　b）叠割法拼缝　c）焊接法拼缝

### 2. 半硬质聚氯乙烯地板

半硬质聚氯乙烯地板采用聚氯乙烯及其共聚体树脂，加入填充料和少量的增塑剂、稳定剂、润滑剂、颜料而制成。它一般为块材，以正方形和长方形比较常见，边长 100 ~ 500mm。粘贴前，必须做好清理基层及划线定位等准备工作。一般以房间几何中心为中心点。划出相互垂直的两条定位线，通常有十字形、交叉形、丁字形和 T 形等划分方式，如图 8-36 所示。

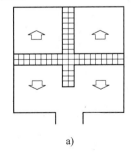
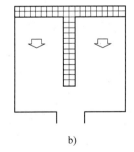
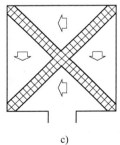

a)　　　　　　　　b)　　　　　　　　c)

图 8-36　塑料块材地板划分定位线
a）十字形　b）丁字形　c）交叉形

铺贴通常从中心线开始，逐排进行。T 形可从一端向另一端铺贴。排缝一般为 0.3 ~ 0.5mm。常选用聚氨酯或氯丁橡胶作为胶结剂，刷涂时厚度不宜超过 1mm，刷涂面积不宜过大；对位粘上后，用橡胶滚筒或橡皮锤，从板中央向四周滚压或锤击，以排除空气，压严锤实，并及时将板缝内挤出的胶液用棉纱头擦净。

**3. 楼地面踢脚板的构造**

踢脚板又称踢脚线，是楼地面与内墙面相交处的一个重要构造节点。它的主要作用是遮盖楼地面与墙面的接缝；保护地面，以防搬运东西、行走或清洁卫生时将墙面弄脏。

踢脚板的材料与楼地面的材料基本相同，所以在构造上常将其与地面归为一类。踢脚板的一般高度为 100 ~ 180mm，常见构造做法如图 8-37 所示。

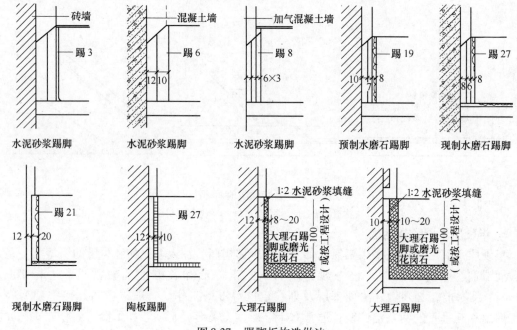

图 8-37　踢脚板构造做法

# 8.4　阳台和雨篷的构造

## 8.4.1　阳台的类型及要求

阳台按其与外墙面的关系可分为挑阳台、凹阳台和半挑半凹阳台（图 8-38）。阳台的设计应满足以下要求。

**1. 安全、坚固、耐久**

挑阳台为悬臂结构，应保证在荷载作用下不致倾覆，其挑出长度应满足结构计算要求。阳台栏杆（栏板）、扶手及与外墙的连接应牢靠。阳台扶手高度不应小于 1.05m，高层建筑适当提高。由于阳台暴露在大气中，所以所选用材料和构造方法都必须经久耐用，承重结构一般选用钢筋混凝土，金属配件应注意防锈处理，表面处理也应耐久和抗污染。

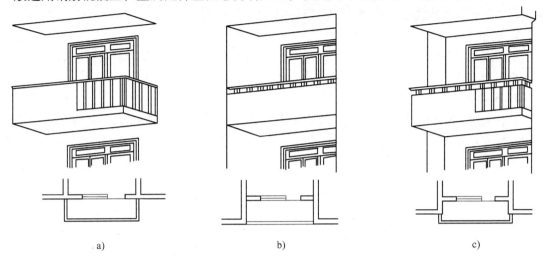

图 8-38　阳台的类型
a）挑阳台　b）凹阳台　c）半挑半凹阳台

**2. 解决好排水问题**

阳台地面标高应低于室内标高 40mm 左右，以免雨水流入室内。阳台排水一般采用外排水方式，在侧壁贴近地面处安装 $\phi$50mm 塑料排水管，将水直接导出或引入雨水管，排水管应伸出阳台栏板外 80mm，以免污水影响下层阳台，并应注意与外墙面保持距离，或做成有组织排水的形式。阳台地面应有 1% 的排水坡度使水流向排水管。

**3. 美观**

阳台有多种多样的造型，丰富建筑物立面效果。

**4. 便于施工**

尽可能采用现场作业，在施工条件许可的情况下，宜采用大型装配式构件。

## 8.4.2　阳台的承重结构布置

阳台承重结构通常是楼板的一部分，因此应与楼板的结构布置统一考虑。钢筋混凝土阳台可采用现浇或装配两种施工方式。

凹阳台的结构比较简单，阳台板可直接由阳台两边的墙支承，板的跨度与房屋开间尺寸相同，采用现浇或预制均可。

挑阳台的结构有以下几种方式。

**1. 挑梁式**

即在阳台两边设置挑梁，挑梁上搁板，见图 8-39a。这种方式构造简单，施工方便，阳台板与楼板规格一致，是较常用的一种方式。阳台正面可露出挑梁头，也可以在阳台板下设边梁，将挑梁头封住以连成一体。挑梁式也可以采用现浇方式，将挑梁、边梁以及圈梁、阳台板，甚至于栏板现浇成一个整体，以增加阳台的整体刚度。

### 2. 挑板式

挑板式是一种悬臂板结构，如图 8-39b 所示。阳台板的一部分作为楼板压在墙内，一部分作为阳台出挑，有现浇和预制两种形式。

### 3. 压梁式

这种方式的阳台板与外墙上的梁浇在一起，多为现浇式，见图 8-39c。外墙是非承重墙时阳台板靠墙梁与梁上墙的自重平衡；外墙是承重墙时阳台板靠墙梁和梁上支承的楼板荷载平衡。也可以将梁和阳台板预制成一个构件，见图 8-39d。

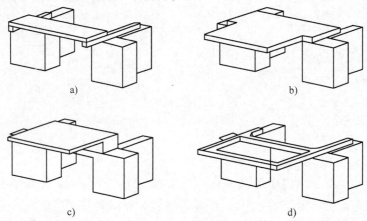

图 8-39　阳台结构布置

a）挑梁预制板阳台　b）挑板式阳台　c）压梁式阳台　d）预制梁板式阳台

### 4. 转角阳台

转角阳台的结构处理也可以采用挑梁和挑板两种方式或采取现浇的办法。图 8-40a 为现浇挑梁和转角阳台板，其余楼板预制；图 8-40b 为双向挑出预制板。

## 8.4.3　阳台的栏杆与栏板

阳台立面可以用漏空的栏杆，也可以用实心的栏板。常用的栏杆有金属栏杆或钢筋混凝土栏杆；常用的栏板有砖砌栏板和钢筋混凝土栏板。金属栏杆以铸铁、方钢、圆钢、角钢、扁钢、钢管、不锈钢管等居多。普通钢栏杆较易受腐蚀。砖砌栏板自重大、抗震性能差、占空间较多。钢筋混凝土栏杆与栏板造型丰富，可虚可实，结构安全可靠，整体性好，耐久性好，自重较轻而且拼装方便。因此，钢筋混凝土栏杆与栏板应用较为广泛。

栏杆与栏板可以相互组合以取得多种效果，如图 8-41 所示。

栏杆、栏板、扶手与混凝土阳台板间的连接固定是关系到安全的大问题，必须稳固而持久。由于材料不同,其构造处理也不尽相同,如图 8-42 所示。

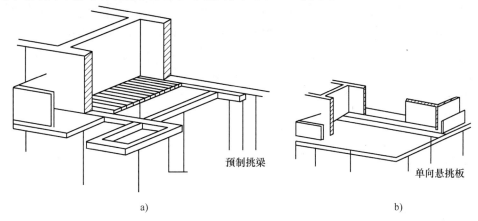

预制挑梁

单向悬挑板

a)

b)

图 8-40 转角阳台结构布置

a) 现浇挑梁及转角阳台 b) 双向悬挑板

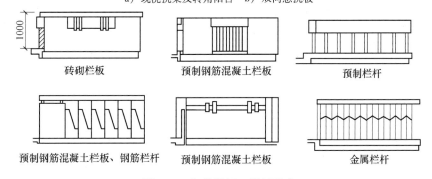

砖砌栏板  预制钢筋混凝土栏板  预制栏杆

预制钢筋混凝土栏板、钢筋栏杆  预制钢筋混凝土栏板  金属栏杆

图 8-41 各种栏杆、栏板形式

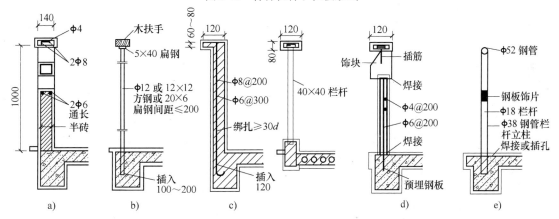

a) b) c) d) e)

图 8-42 各种栏杆、栏板及扶手的连接

a) 砖砌栏板 b) 钢制栏杆 c) 现浇钢筋混凝土栏板 d) 预制钢筋混凝土栏杆及栏板 e) 钢管栏杆

　　砖砌栏板及砖与混凝土花格、扶手组合的栏板构造比较简单，通常用标准砖及 M5 混合砂浆砌筑，阳台转角处设 120mm×120mm 构造柱，并在高度方向每隔 150mm 双向伸出两根Φ6 钢筋 1.0m 长砌入栏板砖缝内，构造柱下部与阳台板连接，上部与混凝土扶手连接。钢筋混凝土扶手与外墙连接处须伸出钢筋 200mm 长至外墙预留洞内，用 C20 细石混凝土填实，如图 8-43 所示。

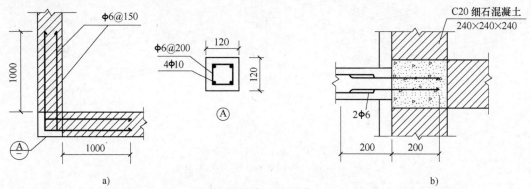

图 8-43　砖砌栏板及混凝土扶手

a）砖砌栏板及构造柱　b）混凝土扶手与砖墙连接

　　金属栏杆应使构件做成开脚状或弯钩等浇入阳台板或墙内，用细石混凝土灌实，并应至少伸入墙内 100～150mm，或者与墙或板内预埋钢板焊牢。

　　钢筋混凝土栏杆与栏板有现浇栏板和预制构件安装两种。现浇栏板可以连扶手一起现浇，与阳台底板的连接，可利用底板内伸出钢筋与栏板钢筋用绑扎或焊接的方法连接。预制栏板之间的拼接及与阳台板、立柱、外墙的连接均可采用预埋件焊接的方法。

　　预制扶手采用细石混凝土制作，截面一般为矩形，其尺寸约为 50mm×100mm，内配Φ8 钢筋并与Φ4 的钢筋绑扎。表面可作各种抹面，如水泥砂浆、水磨石或粘贴面砖等。扶手与栏杆的连接方法有：二者的预理件采用焊接法连接，见图 8-44a。采用榫接坐浆的方式，即在扶手底面留槽，将栏杆插入槽内，并用 M10 水泥砂浆坐浆填实，以保证连接的牢固，见图 8-44b。或者在栏杆上留出钢筋，然后现浇扶手，见图 8-44c、d。

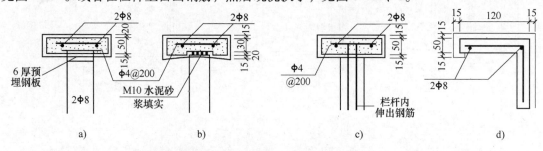

图 8-44　钢筋混凝土扶手的连接方式

为阳台组织排水和防止物品由阳台边坠落，栏杆与阳台底板的连接处需采用 C20 混凝土沿阳台板边向上现浇一个泛水的高度。并将栏杆固定牢固，如图 8-45 所示。

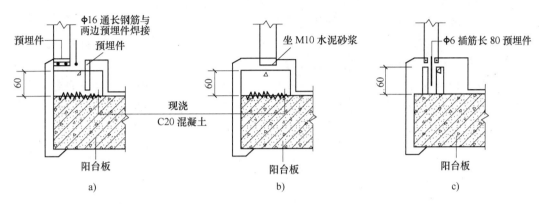

图 8-45　栏杆与阳台的连接

### 8.4.4　雨篷

雨篷的受力情况及结构形式与挑阳台非常相似，但不考虑上人，荷载取值较小。

一般雨篷挑出长度为 1.0 ~ 1.5m。为防止雨篷可能倾覆，常将雨篷与建筑物门上过梁或圈梁现浇在一起，做成梁带板式。根据雨篷板与门上边缘的距离要求，悬挑板可在梁的中部、上部或下部。由于雨篷板不承受大的荷载，可以做得较薄，通常为变截面形式，板外沿厚 50 ~ 70mm。为立面及排水的需要常在雨篷外沿作一向上的翻口（图 8-46）。

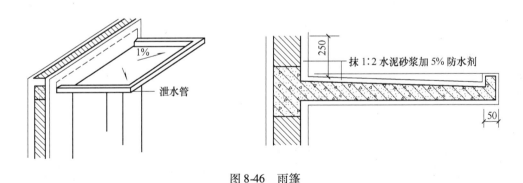

图 8-46　雨篷

雨篷板的顶面应作 20mm 厚掺有 5% 防水剂的 1∶2 水泥砂浆抹面，并翻上外墙（或梁）面至少 250mm 高。立面饰面材料应抹至板底 50mm 深处，并作滴水槽或斜面。雨篷顶抹成1% 的排水坡度将雨水引向泄水管或水落管。

当雨篷悬挑长度较大时，则可由主体结构内挑出梁来做成挑梁式结构，其做法也与挑梁式阳台相似，一般为现浇整体式。挑出过大时必须在雨篷下加设墙或柱子支承。

## 小　结

1. 楼板与地面是水平方向分隔房屋空间的承重构件。
2. 钢筋混凝土楼板根据其施工方法不同可分为现浇式、预制装配式和装配整体式三种。
3. 地坪层由面层、垫层和素土夯实层构成。
4. 阳台、雨篷也是水平方向的构件；阳台应满足安全、坚固、实用、美观的要求。
5. 楼地面按其材料和做法可分为整体地面、块料地面、塑料地面和木地面。
6. 顶棚分为直接式顶棚和吊顶棚。

## 绘　图　题

绘出学生自己所在宿舍的地面构造详图，按制图规定标注出各个构造层次的构造做法（尺寸、材料及材料强度等级）。

## 实　训　题

参观学校内或学校附近正在进行吊顶施工的施工现场，弄清吊顶的基本组成。

# 第9章

# 建筑门窗

建筑门窗是建筑物围护结构的重要组成部分。门主要起交通联系和分隔空间的作用，比如室内与室外、房间与走道、房间与房间等都需要门。窗主要起采光、通风、日照以及供人们向外观景和眺望的作用。由于门窗是围护结构的一部分，因此，同时也应具有保温、隔热、隔声、防水、防风沙等围护作用（图9-1）。

图9-1　建筑门窗

## 9.1　门的作用、类型与构造

### 9.1.1　门的作用

#### 1. 通行与安全疏散

门的主要作用是交通通行，起到联系各种使用空间以及室内外空间的作用。发生火灾或有其他紧急情况时，为人们提供紧急疏散通道。因此，门的位置、宽度、数量、开启方式、构造做法以及耐火等级等，都应符合相关防火规范的要求。

**2. 围护作用**

门窗都是围护结构的一部分，因此都应具有围护结构的作用。比如，外门应能防雨雪、隔声、防风沙等；对于采暖建筑的外门还应保温（采暖地区的外门一般都设有门斗）；房间的内门也要考虑隔声，一般夹板木门要比镶板木门的隔声能力好。

**3. 采光通风**

全玻璃外门和半截玻璃门，都兼有采光的作用，即使普通的门，开启后也可以改善室内的采光条件。建筑物还要通过门窗组织通风，门窗的位置，直接影响室内通风效果。

**4. 美观**

门的美观作用也很重要。在建筑物的室内外装修方面，建筑外门往往是立面处理的重点部位，而房间门又是内部装修的重点部位。

### 9.1.2　门的类型

根据不同的分类方法，门的类型很多。

门按所在位置分有外门和内门。

门按所用材料分有木门、钢门、铝合金门、塑料门、玻璃门、塑钢门等。目前，木门的使用还很广泛。

门按开启方式分有平开门（含各种弹簧门）、推拉门、折叠门、转门、卷帘门等（图9-2），以平开门最为常见。

平开门有单扇门（图9-2a）和双扇门（图9-2b），一般宽度在 1200mm 以上时采用双扇门。平开门也有内开和外开之分，建筑内门一班采用内开门，建筑外门应为外开门或内外开的弹簧门。平开门是在门扇的侧面用铰链将门扇和门框连接，开启方便灵活，因此采用较多。但门扇尺寸不宜过大。弹簧门是平开门的一种，只是将普通铰链改为单管或双管弹簧铰链，或装地弹簧，多用于人流量大的公共建筑外门。

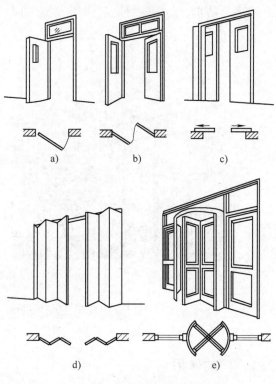

图9-2　门的开启方式

推拉门（图9-2c）是利用门扇在轨道上左右推拉滑行来开启的。可上挂，也可下滑；可悬于墙外，也可隐于墙中。开启后不占使用空间，受力比平开门合理，但构造复杂，民用建筑采用较少。铝合金、塑钢等材料加工的阳台落地门（或落地窗）常采用推拉的形式。

折叠门（图9-2d）的门扇开启后可以折叠到一起，占用空间少，但构造复杂，可用于大洞口尺寸的门，比如商店、库房等。

转门（图9-2e）一般由两侧的固定弧形门套和中间统一固定竖轴旋转的门扇组成。其优点是保温效果好，美观，但其构造复杂，造价较高，多用于人流出入频繁的高标准公共建筑。

卷帘门由两侧的轨道、上方的转轴和门扇组成。门扇是由镀锌钢板、铝合金或不锈钢薄板等轧制成型的条形页板。卷帘门可采用电动或手动，它使用方便、坚固，多用于商店、库房等。

图9-3 平开木门

### 9.1.3 平开木门的构造

平开木门（图9-3）现阶段采用比较广泛，这里仅介绍平开木门的构造。

**1. 平开木门的组成与尺寸**

平开木门由门框、门扇组成。根据装修标准不同，有时还有贴脸板、筒子板等。门框与门扇之间用铰链连接，另外还要有拉手、插销、锁具等五金零件。门的组成见图9-4。

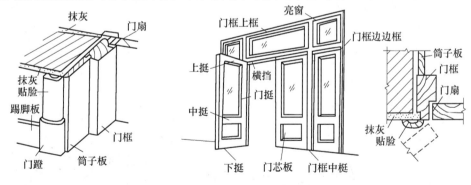

图9-4 木门的组成

单扇门的宽度一般为900～1100mm，辅助房间的门可为700～800mm。门洞较宽时可以装双扇门，双扇门门洞宽度一般为1200～1800mm。有时民用建筑的主入口需要较宽的门洞，此时可以把多樘门进行拼樘组合。平开门的单个门扇宽度不宜过大。

门扇的高度一般为2000～2100mm。当门洞口的高度较高时，上方一般设门亮子，门亮子既可以补充室内采光，又可避免门扇过重。空间高度较高的房间，根据比例关系，门的尺寸可适当加大。

**2. 门框**

门框由两根边框、上框、中横框、下框组成。高度较小没有亮子的门没有中横框；为通行方便，建筑的内门一船不设下框（即门槛），外门除了保温、防风沙、防水、隔声等要求较高外，一般也不设门槛。

**3. 门扇**

木门的种类就是按木门门扇的构造形式划分的。木门主要有镶板门、夹板门、拼板门、镶玻璃门、纱门、百叶门等几种形式。

（1）镶板门　镶板门是一种常见的门扇。由较大尺寸的骨架和中间镶嵌的门芯板组成。骨架由上下框、中梃以及两根边梃组成。门芯板的厚度为 10～15mm。

镶板门的构造见图 9-5。

（2）半截玻璃门　将镶板门的芯板全部换为玻璃，就成为镶玻璃门。如果将门扇上半部的芯板换为玻璃，就成为半截玻璃门。它可用于建筑的外门，以及会议室的房间的门。

（3）夹板门　夹板门是采用较小规格的木料做骨架，在木骨架的两面粘贴胶合板、纤维板或其他人造板材。夹板门的自重轻，开关轻便，表面平整美观，但强度低，不耐潮湿和日晒，大量用于普通房间的内门。

夹板门的构造见图 9-6。

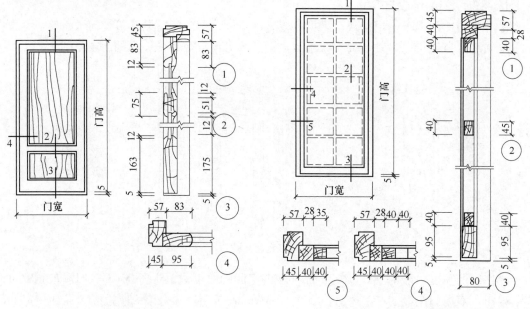

图 9-5　镶板门的构造　　　　　　　　图 9-6　夹板门的构造

（4）拼板门　拼板门的构造做法类似于镶板门，只不过它的芯板是由许多窄木板条企口拼合而成。板条之间的企口咬合，以便其自由胀缩。这种门能适应周围环境湿度的变化，常用于卫生间蹲位隔间的门。

（5）纱门、百叶门　门扇骨架内镶入窗纱或百叶，就成为纱门或百叶门。住宅的非封闭阳台门应装纱门。百叶门用于通风要求较高的建筑物。

### 9.1.4　木门的安装

木门的安装有立口和塞口两种方式，一般采用立口安装方式。立口式安装是指在砌墙的同时将门框就位并临时固定，这种施工方式门框与墙体连接可靠。门框的上框两侧各伸出120mm（称为羊角），沿高度方向每隔500～700mm 钉有拉结木砖，把拉结木砖和羊角砌入墙体内。

## 9.2　窗的作用、类型与构造

### 9.2.1　窗的作用

#### 1. 采光和日照

建筑采光有两种方式：天然采光和人工照明。人工照明需要消耗电能，而且人的识别能力没有在自然光线下强，同时，人长期处在人工的光环境下会增加视觉疲劳。因此，建筑物应尽量争取天然采光。

建筑物主要是通过窗户采光的。这就要求房屋应有合适的窗地比（窗户面积与房间地板面积的比值）。按有关规范要求每一类房间都有一定的窗地比，如卧室、起居室为1/7，教室为1/6，阅览室、陈列室为1/4，楼梯间为1/14 等。

疗养院、宿舍、公寓等类型的建筑，以及住宅建筑的居室、托幼建筑中的活动室、卧室等，从卫生和舒适度的角度出发，要求有良好的日照条件，对于这些类型的建筑，窗户还应满足日照的要求。

#### 2. 通风

建筑通风有两种途径：自然通风和机械通风。对于较高标准的民用建筑，利用机械通风甚至空气调节系统、人工照明等，可以营造一个相对稳定、舒适的人工环境。但国外的经验告诉我们，人长期在这种环境中对健康是有害的。

对于大量建造的民用建筑，应通过合理设置窗户，来解决建筑通风问题。

#### 3. 围护

窗是建筑物围护结构的一部分，窗的围护功能包括保温、隔热、防风雨、隔声等。

《严寒和寒冷地区居住建筑节能设计标准》（JGJ26—2010）中规定了采暖居住建筑节能65%的新节能目标，要实现这一目标，就必须加强外墙、门窗、屋面等围护结构的保温隔热措施。以哈尔滨某砖混结构住宅为例，在建筑耗热量中，传热耗热量约占71%，空气渗透耗热量约占29%。在传热耗热量所占份额中，窗户约占28.7%，外墙约占27.9%，屋顶约占8.6%，地面约占3.6%，阳台门下部约占1.4%，外门约占1%。窗户的传热量以及空气渗透耗热量所占比例是相当大的。由此可见，窗户是建筑耗热的主要部位，也是建筑节能设计的重点部位。

窗应能防止室外雨水进入室内。雨水在风的作用下，有三种进入室内的途径：一是窗框四周与墙体之间的缝隙；二是窗框与窗扇之间的缝隙；三是窗扇与窗扇之间的缝隙。这都需要窗在构造上采取相应的措施，阻断雨水侵入室内的途径。

窗也是噪声传入室内的主要途径，窗应有相应的构造措施隔绝噪声。

**4. 美观**

在建筑物的外观设计上，窗的形式、色彩、大小、位置等，都有很重要的作用。

## 9.2.2 窗的类型

### 1. 按材料分类

窗按所使用的材料分为木窗、钢窗、铝合金窗、彩钢窗、塑钢窗、塑料窗、玻璃钢窗、预应力钢丝网水泥窗等。

木窗制作方便，但窗料断面大，挡光多，消耗木材多。尤其是我国森林覆盖率低，木材资源相对缺乏，木材的再生周期又较长，本着节约木材的原则，应尽量少用。近几年木窗正逐步被一些新型窗所取代。

钢窗的强度大，坚固耐久，造价较低，防火性能好；钢窗用料断面小，增加了窗户的透光面积，透光率约为木窗的1.3倍。另外，钢窗可以采用工厂制作的方式，对促进建筑工业化也有积极意义。因此，钢窗与木窗相比，具有较大的优势。但钢窗的保温性能差，容易锈蚀，由于运输等方面原因密闭性也较差，防风沙、防空气渗透的性能差，使用维修较困难。因此，普通钢窗近几年逐渐减少使用。

铝合金窗空心薄壁，轻质高强，便于加工；窗料相对较小，挡光少，密闭性比木窗和钢窗要好；具有金属的质感，与新型建筑外墙材料组合在一起，简洁、美观，常见颜色有银白色和茶色。铝合金窗近几年已被普遍选用。

彩钢窗改善了钢窗的加工工艺及缺点，使其更为美观，耐腐蚀能力也大大加强。彩钢窗不采用焊接而用专门配套的连接件连接，组装更为灵活，但造价也较高。

塑钢窗是一种较新的窗型。窗料为表层塑料，内衬钢芯，强度高、耐腐蚀，耐久性好，节点加工成型后再把表面的塑料层焊接，加上专用的五金配件，密闭性很好，可以有多种多样的颜色，豪华美观，但造价高。近几年国内开始生产的塑钢共挤型塑钢门窗，改变了塑钢门窗在组装时穿入钢芯的做法，连接更为可靠，同时，由于 PVC 发泡结皮技术的应用，也使得这种塑钢门窗更为节能（图9-7）。

图9-7　塑钢窗

塑料窗类似于铝合金窗，多为白色，造价比铝合金窗稍低。但由于强度较低，使用受到限制。尤其是普通双层玻璃塑料门窗和 50mm 系列以下单腔结构型材的塑料门窗，建设部 2001 年 7 月第 27 号公告已经淘汰。

玻璃钢窗和预应力钢丝网水泥窗一般用于工业建筑，民用建筑采用较少。

**2. 按开启方式分类**

窗按开启方式分类，有平开窗、固定窗、转窗（上悬窗、下悬窗、中悬窗、立转窗）和推拉窗四种基本类型。此外，还有滑轴、折叠等开启方式。窗的开启方式见图9-8。

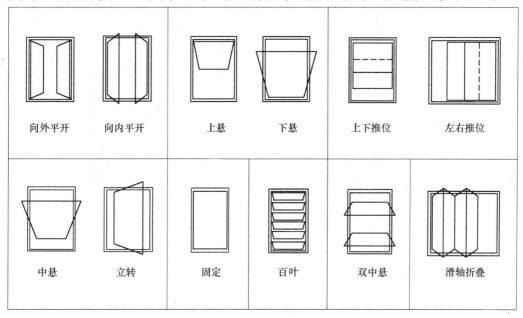

图 9-8　窗的开启方式

平开窗是最常见的一种形式。窗扇用铰链（合页）与窗框连接，可向外也可向内开启。其优点是通风效果好，尤其外开平开窗利于防止雨水进入室内，又不占室内空间，采用较广泛。

固定窗只能采光，不能通风。固定窗一般不设窗扇，而直接将玻璃镶嵌在窗框上；也可以设窗扇，将窗扇固定于窗框上。

转窗指绕水平轴或垂直轴旋转开启的窗户。转窗根据轴的位置不同分为上悬窗、下悬窗、中悬窗和立转窗。其中中悬窗最为常用。转窗的优点是玻璃损耗小，占室内空间少，常用于楼梯间的窗户、走道的间接采光窗以及门的亮子等部位。

推拉窗指左右推拉或上下推拉开启的窗。其优点是开启后不占室内空间，玻璃损耗也小。但开启的面积受到限制，密闭性也没有平开窗好。

### 9.2.3　窗的构造

#### 1. 木窗

木窗多用平开的形式。木窗主要由窗框（窗樘）和窗扇组成。窗扇有玻璃扇、纱窗扇、百叶扇等。另外，还有铰链、风钩、插销等五金零件。有时根据装修标准不同，还会设置窗台板、贴脸板等。平开木窗的构造见图9-9。

窗框也叫窗樘，它固定在墙上以安装窗扇。窗框由上框、下框、边框以及中横框、中竖框等榫接而成。与木门相类似，木窗窗框的安装有立口和塞口两种方法。

立口安装时窗框安装与砌墙同时进行。上下框比窗宽每边各长 120mm 砌入墙内（称为羊角），边框外侧沿高度方向每隔 500 ~700mm 设拉结木砖砌入墙内。塞口安装时窗框比洞口略小，墙体砌筑完工后再塞入窗框，用螺钉固定在预先砌到洞口两侧的预埋木砖上。

所有砌入墙体里的木砖，为防止木材在墙体中腐烂，都应涂刷沥青进行防腐处理。

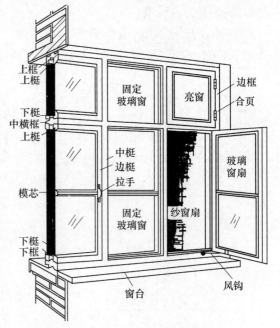

图 9-9　平开木窗的构造

为使窗框与墙体连接紧密，在窗框与墙体之间，可采取做灰口、钉压缝条、钉贴脸板等一些构造措施，如图 9-10 所示。

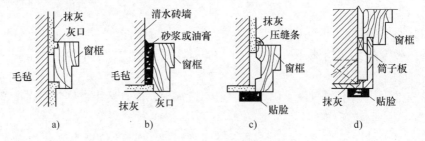

图 9-10　窗框与墙的接缝处理

木窗扇由上下梃（上下冒头）、左右边梃、中间窗芯（窗棂）组成。它们全部榫接，厚度一致（约 35 ~42mm），上下左右挺的宽度也一致（约 55 ~60mm），并做出玻璃裁口（宽度为 10mm，深度为 12 ~15mm），以便安装玻璃。裁口的另一侧，应做成各式的线脚，以减少挡光，增加美观。木窗扇的组成见图 9-11。

窗洞尺寸应按采光通风的需要确定，并符合以 300mm 为级差的模数数列。窗扇宽度一般为 400 ~ 600mm，高度一般为 800 ~ 1500mm；亮窗的高度为一般 300 ~ 600mm。

**2. 钢门窗**

钢窗按所用材料断面分为实腹式钢窗和空腹式钢窗两种类型。

实腹钢门窗料是热轧的型材，称为热轧窗框钢。它的规格按截面高度分为 20mm、22mm、25mm、32mm、35mm、40mm、50mm、55mm 和 68mm 九个系列，每个系列又有若干型号。窗料的厚度为 2.5 ~ 4.5mm，由于厚度较厚，耐腐蚀能力也较强，但耗钢量较大。

空腹钢门窗是用 1.2mm 厚的钢板，经冷轧和高频焊接、调直制成的中空门窗料，比实腹料节省钢材 40% ~ 50%，但耐腐蚀性能差，耐久性也较差。与实腹式钢窗相类似，也有多种系列供选用。

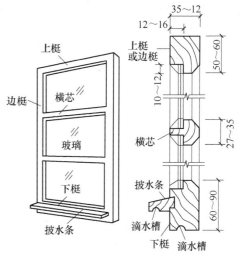

图 9-11　木窗扇的构造组成及用料

当窗洞尺寸较大时，钢窗可以水平或竖向进行拼樘，每个系列都有相应的拼樘件。拼樘件与洞口墙体固定牢固，窗框用螺栓固定于拼樘件上。

钢门窗框的安装，类似于木窗的塞口式，与墙的连接方法，采用开脚扁钢沿窗框四周固定，并用水泥砂浆将开脚扁钢嵌固于窗洞四周的预留空洞中（图 9-12）。固定点的间隔距离一般为 400 ~ 500mm。钢门窗与钢筋混凝土过梁之间也可采取预埋件焊接的方式。

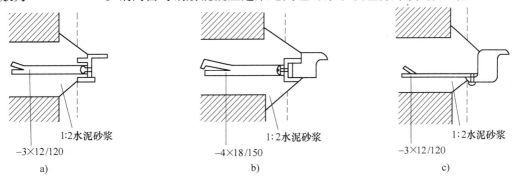

图 9-12　钢窗框的安装节点

a）实腹钢窗　b）空腹钢窗（京 66 型窗料）　c）空腹钢窗（沪 68 型窗料）

**3. 铝合金门窗、塑钢门窗**

铝合金门窗、塑钢门窗等与钢门窗相类似，都是由工厂定型生产窗料，有多种系列的门窗料可以选用，经现场或工厂加工成门窗后，现场安装。

这些门窗安装固定方法也与钢门窗相类似，见图9-13。一般采用塞口式安装，通过各自的专用连接件用射钉、膨胀螺栓或塑料胀管螺栓与门窗洞口四周的墙体连接。固定连接点间距一般不大于500mm。第一个固定点与门窗框边缘的距离为50mm。

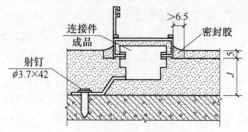

图9-13　铝合金窗固定方法举例

## 小　结

1. 门按其开启方式通常有平开门、弹簧门、推拉门、折叠门、转门等。

2. 窗的开启方式有平开窗、固定窗、悬窗、推拉窗等。窗洞尺寸通常采用3M数列作为标志尺寸。

3. 平开门由门框、门扇等组成。平开窗是由窗框、窗扇、五金及附件组成。

4. 钢门窗分为实腹式和空腹式两种，其中实腹式钢门窗抗腐性优于空腹式。

5. 铝合金门窗和塑钢门窗以其优良的性能，得到广泛运用。

## 绘 图 题

1. 绘简图（立面或轴测）表示平开门的组成。

2. 绘简图说明窗扇的组成。

## 实 训 题

注意观察所见建筑物的门和窗，辨别它们都是什么种类的？你认为用该种门和窗是否合适？有什么优点或缺点？并试着画出一种你所熟悉的窗或门的构造图。

# 第10章

# 楼梯与电梯

楼梯与电梯是建筑物中联系上下各层的垂直交通设施，见图10-1。

在低层和多层建筑物中，主要靠楼梯联系上下各层。有些医院、疗养院等建筑，楼层之间当没有电梯时，应设便于推担架床的坡道，坡道是楼梯的一种特殊形式。建筑室内外高差以及室内有高差处，常常设置台阶，台阶也是楼梯的一种特殊形式。

在高层建筑中，日常使用的垂直交通设施是电梯，但紧急疏散还是靠疏散楼梯。有大量人流使用，并且方向性极强的大型公共建筑中，比如车站、商场等，经常设置自动扶梯作为日常使用的垂直交通设施，但紧急疏散也要靠疏散楼梯。因此，设电梯和自动扶梯的建筑物，其疏散楼梯的数量并不会减少。

图 10-1　楼梯

## 10.1　楼梯的组成与类型

### 10.1.1　楼梯的组成

楼梯是由梯段、平台和中间平台、扶手和栏杆（栏板）三大部分组成的，如图10-2所示。

**1. 楼梯梯段**

梯段指楼梯的倾斜段，是楼梯的主要部分，它是由多个踏步组成的。而每一个踏步都由一个踏面和一个踢面组成。踏步的水平上表面称为踏面，踏步的垂直面称为踢面。

梯段的坡度与踏步级数，直接影响着楼梯的舒适程度。《民用建筑设计通则》（GB 50352—2005）中规定，踏步数不应多于18级，也不应少于3级。一般的公共建筑，楼梯的坡度以1：2为宜。

梯段与梯段之间的透空部分，称为梯井。梯井大的楼梯间显得开阔、敞亮，但也是一个不安全因素，诸如幼儿园建筑等不宜采用。梯井小显得楼梯间闭塞，但节省空间。

**2. 平台和中间平台**

平台是指连接梯段与楼地面之间的水平段。开敞式楼梯间可借用走廊作为楼梯的平台。中间平台是指上下楼层之间的平台。有缓解上下楼梯疲劳的作用，因此又称为休息平台。

**3. 扶手和栏杆**（栏板）

为保证上下楼梯的安全，在梯段和平台的临空部分应装设栏杆或栏板。楼梯的梯段比较宽时，梯段的中间应加设栏杆，靠墙一侧也应装设扶手。

装设在栏杆或栏板上部供人们上下楼梯时手扶的建筑配件称为扶手。

## 10.1.2　楼梯的类型

楼梯的类型有多种。按所在位置分类有室内楼梯和室外楼梯；按使用性质分类有主要楼梯、辅助楼梯、疏散楼梯、消防楼梯；按所用材料分类有木梯、钢梯、钢筋混凝土楼梯。此外，按照楼梯间的防火性能分类，有开敞式楼梯间、封闭式楼梯间和防烟楼梯间等。

楼梯如果按照它的形式分类，有直跑式、双跑式、双分式、双合式、转角式、三跑式、四跑式、多跑式、多边形式、螺旋式、曲线式、剪刀式、交叉式，等等。

图10-3是几种常见的楼梯形式。

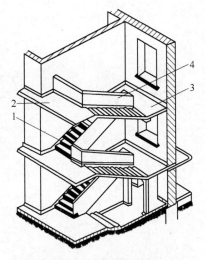

图10-2　楼梯的组成
1—梯段　2—平台　3—中间平台
4—扶手与栏板

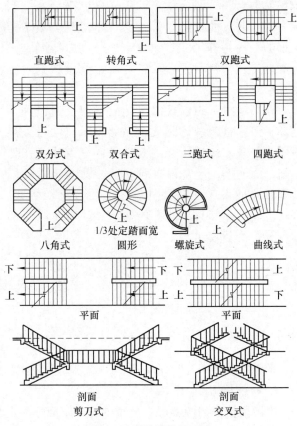

图10-3　楼梯的常见形式

在平面上两个梯段相互平行的双跑式楼梯是最为常用的一种形式。这种形式所占的楼梯间进深尺寸小，上下楼梯的起落点在一处，比较节省空间，也便于与其他房间进行组合。

## 10.2　楼梯的尺度

### 10.2.1　楼梯的坡度

所谓楼梯的坡度就是指梯段的坡度。

坡度有两种表示方法：一种是用斜面与水平面的夹角（度）表示；一种是用斜面的垂直投影高度与其水平投影的长度之比表示。从图 10-4 可知，楼梯的坡度范围在 20°～45°之间，也就是在 1:2.75～1:1 之间。坡道的坡度范围在 0°～20°之间。当坡度大于 45°时，称为爬梯，常用于屋面检修或一些大型设备处。

试验证明，楼梯最舒适的坡度是 1:2 的坡度，也就是 26°34′。使用人数较多的公共建筑一般应采用舒适坡度。使用人数较少的住宅建筑等可以相对陡一些。

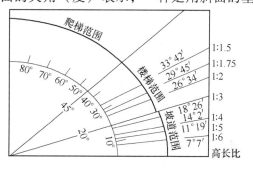

图 10-4　楼梯的坡度

### 10.2.2　楼梯的宽度

楼梯的宽度包括梯段的宽度和平台的宽度。

为保证安全疏散，在防火设计规范中，对楼梯的宽度作了相应的规定。它与建筑物的耐火等级及层数有关。比如，一座五层的办公楼，耐火等级为二级，每层的使用人数为 150 人，根据楼梯的宽度不应小于每百人 1m 的宽度指标，该层的楼梯宽度应为 1500mm。当每层的使用人数不等时，下层楼梯的总宽度按其上人数最多的一层的人数计算。

楼梯的净宽还应按人流的股数确定。一般每部楼梯的人流股数不少于两股，每股人流的宽度按 0.55m±（0～0.15）m 计算，其中 0～0.15 为人流行进的摆幅及手拿东西所占的宽度，取值大小依建筑物的使用性质来定。梯段为两股人流时，一侧设扶手；为三股人流时，应两侧设扶手；四股及四股以上人流时，除两侧设扶手外，中间应加设一道或多道扶手。

楼梯的总宽度确定后，再根据楼梯的数量确定每部楼梯的宽度，一般是经常使用的主要楼梯稍微宽些，辅助楼梯可稍微窄些。楼梯的数量应根据建筑物的总长以及疏散楼梯必须满足的间距来确定，在防火设计规范中都有严格的规定。对于居住建筑，《住宅设计规范》（GB 50096—2011）中规定，楼梯梯段净宽不应小于 1.10m，不超过六层的住宅，一边设有栏杆的梯段净宽不应小于 1.00m。

楼梯平台的净宽度应不小于梯段净宽。平台的净宽是指从楼梯扶手的中心线到楼梯间外墙的水平距离。当平台上有其他的突出物（如暖气、电表箱、垃圾道等）时，指扶手中心线到突出物边缘的水平距离。《住宅设计规范》（GB 50096—2011）中规定，七层及七层以上住宅建筑入口平台宽度不应小于 2.00m，七层以下住宅建筑入口平台宽度不应小于 1.50m。

### 10.2.3　净空高度

楼梯的净空高度包括梯段的净高和平台净高。

梯段的净空高度是指自踏步前缘到上方突出物的垂直高度。规范规定梯段净高不应小于 2.2m。必须注意，梯段还包括最低和最高一级踏步的前缘以外的 0.3m 的范围，如图 10-5 所示。

平台处的净空高度不应小于 2.0m。

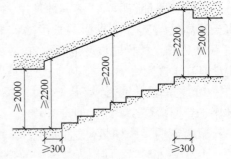

图 10-5　楼梯的净空高度

### 10.2.4　踏步尺寸

楼梯的踏步尺寸包括踏面的宽度和踢面的高度。

踏步的踢面高度和踏面宽度的比值决定梯段的坡度。踏面的宽度不宜过小，也不宜过大，以人的脚可以全部落在踏步面上为宜。高度值也应合适，以保证楼梯有合适的坡度。计算踏步尺寸有以下经验公式：

$$2r + g = 600 \sim 610\text{mm} \text{ 或 } r + g = 450\text{mm}$$

式中　$r$——踏步高度（mm）；

　　　$g$——踏步宽度（mm）。

公共建筑由于使用人数多，其楼梯的踏步尺寸应取相对舒适的数值。一般情况下，宽度取 300mm，高度为 150mm。对于居住建筑，《住宅设计规范》（GB 50096—2011）中规定，楼梯踏步宽度不应小于 0.26m，踏步高度不应大于 0.175m。扶手高度不应小于 0.90m。楼梯水平段栏杆长度大于 0.50m 时，其扶手高度不应小于 1.05m。楼梯栏杆垂直杆件间净空不应大于 0.11m。

### 10.2.5　扶手高度

扶手的高度应能够保证人们上下楼梯的安全。《民用建筑设计通则》（GB 50352—2005）规定，室内楼梯的扶手高度不宜小于 0.9m，见图 10-6。靠梯井一侧水平扶手超过 500mm 长时，其高度不应小于 1.05m。室外楼梯扶手高度一般不应小于 1.10m。

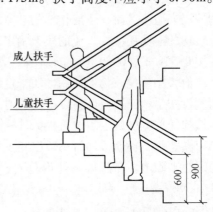

图 10-6　楼梯扶手高度

# 10.3 钢筋混凝土楼梯的类型与构造

钢筋混凝土楼梯的耐久性和耐火性能好，采用最为广泛。钢筋混凝土楼梯按照施工方法的不同，分为现浇和预制装配式两大类。

## 10.3.1 现浇钢筋混凝土楼梯

现浇钢筋混凝土楼梯的梯段与平台可以一起浇筑，整体性能好，刚度大，坚固耐久，尤其在地震地区，楼梯一般采用这种形式。但施工时需要支模板、绑扎钢筋、浇筑混凝土、养护、拆模板等工序，工序繁杂，施工进度慢。

现浇钢筋混凝土楼梯按照梯段的受力情况，分为板式楼梯和梁板式楼梯两种。

### 1. 板式楼梯

板式楼梯的梯段相当于一块斜放于上下平台梁上的板，梯段把荷载直接传给平台梁，平台梁的间距即是梯段板的跨度，梯段的受力钢筋沿着跨度方向布置。如图 10-7a 所示。

板式楼梯的梯段跨度相对较大，因而其厚度一般也较厚，跨度越大，厚度也越大。板式楼梯的优点是梯段板底平整，便于装修。板式楼梯常用于梯段跨度较小的建筑物，如普通住宅楼一般采用板式楼梯的形式。

### 2. 梁板式楼梯

与板式楼梯不同，梁板式楼梯的梯段由斜梁和放于斜梁上的梯段板组成。荷载的传力路线是板传给斜梁，斜梁再传给平台梁。因此，斜梁的间距即是板的跨度，跨度比板式楼梯小，也可以相对薄些。对于大跨楼梯，梁板式楼梯受力比板式楼梯合理。

一侧靠墙的楼梯段，一般只在临空的一侧设置斜梁，梯段板的另一侧直接搁置于墙上。梯段斜梁一般在踏步板下，称为明步，如图 10-7b 所示。为使板底平整，并避免在洗刷楼梯间地面时污水下流，也

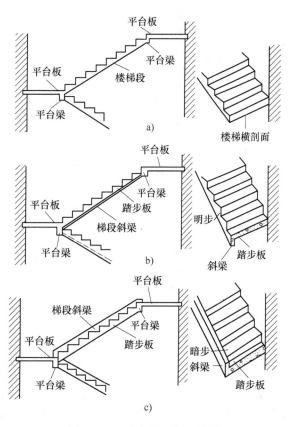

图 10-7 现浇钢筋混凝土楼梯
a）板式楼梯 b）、c）梁板式楼梯

可以将斜梁反到踏步板的上面，如图 10-7c 所示，称为暗步。

### 10.3.2　预制装配式钢筋混凝土楼梯

为适应建筑工业化的需要，加快建筑工程的施工速度，也可以采用预制装配式钢筋混凝土楼梯。由于预制装配式钢筋混凝土楼梯的抗震性能不如现浇式钢筋混凝土楼梯，预制楼梯的运用受到一定的限制。

预制装配式钢筋混凝土楼梯分为小型构件装配式楼梯、中型构件装配式楼梯和大型构件装配式楼梯。

#### 1. 小型构件装配式楼梯

小型构件装配式楼梯，就是把楼梯各部分划分成体积小、重量轻、便于制作安装和运输的小型构件。施工时不需大型吊装设备，但工序繁多，湿作业量大，施工速度也相对较慢。

小型构件装配式楼梯一般有三种形式：悬挑式、墙承式和梁承式。

（1）悬挑式楼梯　悬挑式楼梯的梯段由多个独立的踏步板组成，踏步板由墙内挑出，可达 1.5m 长。平台部分可用普通的预制板。

踏步板的形式有 L 形和一字形，一般采用 L 形踏步板。L 形踏步板伸入墙体内 240mm，墙内部分的断面为矩形。L 形悬挑踏步楼梯见图 10-8。

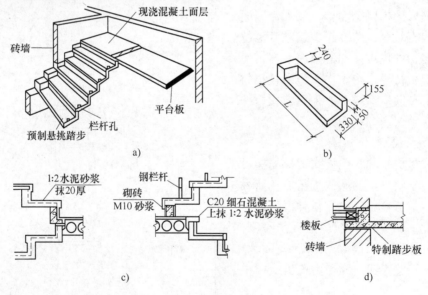

图 10-8　悬挑式楼梯

这种楼梯的安装与砌筑墙体一起施工，需要加设临时支撑，施工较为麻烦，而且不能承受较大振动荷载，7 度及 7 度以上抗震地区不能采用这种楼梯形式。

（2）墙承式楼梯　与悬挑式楼梯不同，墙承式楼梯是将预制踏步板的两端都搁置于墙上，则踏步板变悬挑构件为简支构件，受力更合理，可用于地震地区，一般适用于单跑楼梯。

墙承式用作双跑楼梯时，由于在两跑之间梯井的位置有一段墙，阻碍上下楼梯人的视线，对采光也不利，所以常通过开设一些窗洞口改善这种状况。这种楼梯空间闭塞，搬运大型家具、设备不方便。墙承式楼梯见图10-9。

（3）梁承式楼梯　梁承式楼梯是将踏步板放在斜梁上，斜梁放在两侧的平台梁上，平台梁放在两侧的墙体上，并最终把楼梯段的荷载传给墙体。

踏步板有三角形踏步板、L形踏步板、一字形踏步板等形式。

斜梁的外形要与踏步板的形式相适应。三角形踏步板所采用的斜梁上表面是平直的；L形踏步板和一字形踏步板只能用锯齿形的斜梁。梁承式楼梯见图10-10。

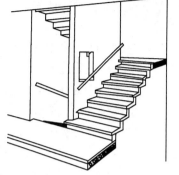

图 10-9　墙承式楼梯

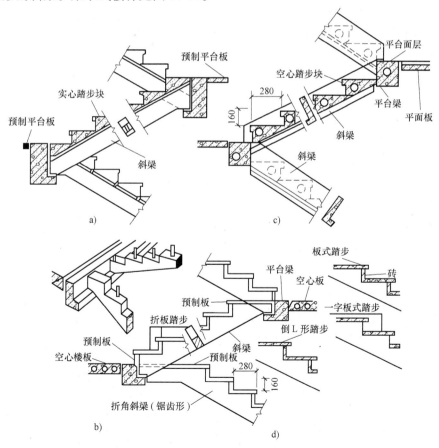

图 10-10　梁承式楼梯

斜梁的断面可以做成矩形也可以做成 L 形。L 形与矩形相比，可以使踏步板的底面下移，以减少楼梯段的厚度，节省空间。

平台梁的截面一般做成 L 形，以便搁置斜梁并使上表面平整。安装完毕二者之间要用预埋件焊牢。

**2. 中型和大型构件装配式楼梯**

当施工机械化程度比较高时，可采用中型或大型构件装配式楼梯。与小型构件装配式楼梯相比，其构件的种类少，施工速度快；减少了湿作业，改善了工人的劳动条件。

中型构件装配式楼梯，是把楼梯划分为楼梯段和带梁平台板两部分。其中的梯段板也有板式和梁板式两种类型。

大型构件装配式楼梯，是把平台和梯段连在一起组成一个构件，每层楼梯由这样两个相同的构件组成。这种楼梯的装配化程度更高，施工速度也最快，但需要大型吊装设备，一般用于预制装配式建筑。

### 10.3.3　楼梯的细部构造

楼梯的细部构造包括踏步的面层和前缘、栏杆（或栏板）和扶手等。

**1. 踏步面层**

楼梯的踏步表面应耐磨而光滑，便于行走和清扫。因此，楼梯的踏步面层应该做抹灰处理。常见的有水泥砂浆面层、水磨石面层、缸砖面层、花岗石面层、地板砖面层等。

**2. 踏步前缘**

为防止上下楼梯时摔倒，在踏步前缘处应做防滑处理。楼梯的踏步前缘处的防滑措施有防滑凹槽、防滑条（用耐磨的砂浆、金属等材料制作），或在踏口部位做包口处理等几种形式。踏步的防滑构造见图 10-11。

**3. 栏杆和栏板**

栏杆或栏板是楼梯的安全设施，设置于楼梯段或平台的临空一侧。栏杆或栏板的上缘为扶手，供人们上下楼梯时手扶或倚靠。栏杆（或栏板）与扶手应与梯段或平台连接牢固，能够抵抗一定的水平推力。栏杆（或栏板）与扶手也是室内的一个装饰构件。

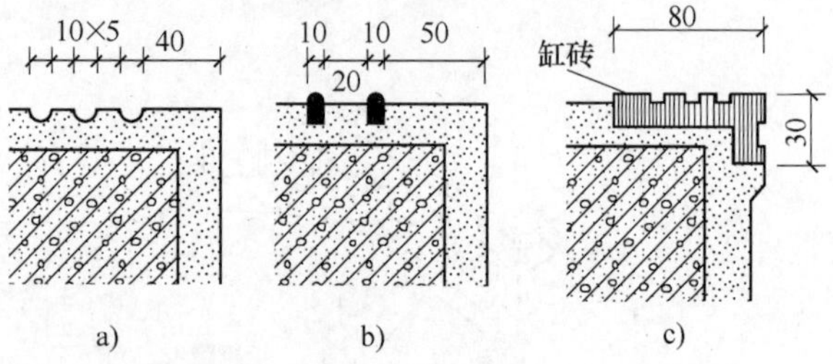

栏杆多用方钢、圆钢、扁钢等型钢

图 10-11　踏步防滑措施

a）防滑槽　b）水泥铁屑砂浆防滑条　c）缸砖包口

制作，可以做成各种各样的图案。用作楼梯栏杆的方钢的截面边长一般为 20mm 左右，圆钢直径一般不大于 20mm，扁钢截面 40mm×6mm 左右。栏杆与钢筋混凝土楼梯之间的连接，不外乎以下几种：一是通过踏步内的预埋件焊接；二是螺栓连接；三是踏步预留空洞锚固连接；四是膨胀螺栓连接等。较高级的建筑物常常采用铜、不锈钢、有机玻璃、铸铁铁艺、木雕、石雕等制作栏杆。常见的普通栏杆及扶手举例见图 10-12。

图 10-12　常见的普通栏杆的形式

用实体材料制作成的称为栏板。栏板常常采用钢筋混凝土或加筋砖砌体制作。砖砌栏板的厚度一般为 60mm，外侧用钢筋网加固，并与钢筋混凝土的扶手连在一起。栏板的构造见图 10-13。

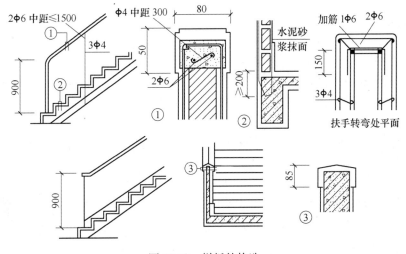

图 10-13　栏板的构造

### 4. 扶手

楼梯的扶手可用硬木、塑料制品制作，也可用圆钢管等型钢制作。在钢筋混凝土或砖砌栏板上侧的扶手可用水泥砂浆抹灰、水磨石等作为扶手。木扶手和塑料扶手应在栏杆的顶端焊接通长的扁钢，然后将扶手用木螺钉固定于扁钢上；钢材扶手可以采用焊接的方式连接。扶手的举例见图 10-14。

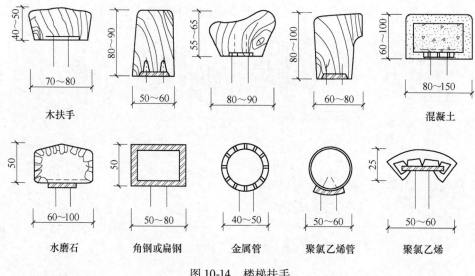

图 10-14　楼梯扶手

# 10.4　台阶与坡道

## 10.4.1　台阶

台阶由踏步和平台组成。室外台阶一般位于建筑物的出入口处，每边比门洞宽出500mm左右。有时室内有高差时也需要设台阶。台阶的踏步宽度不宜小于300mm，高度不宜大于150mm。当高差较大而使踏步级数较多时，应设栏杆和扶手。

常见的台阶形式有单面踏步（图10-15a）、三面踏步（图10-15b）、单面踏步带垂带石（或方形石、花池等，图10-15c）、台阶和坡道组合式（图10-15e）等，见图10-15。

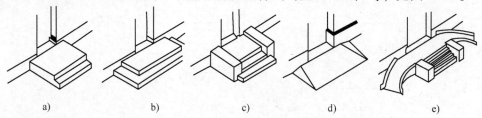

图 10-15　台阶的形式

台阶的构造做法，包括基层、垫层和面层几部分。基层一般为素土夯实，在季节性冰冻地区应加砂垫层，以防台阶被冻坏。垫层一般为混凝土，有时也用砖砌。面层和地面的做法基本相同，有水泥砂浆、水磨石、缸砖、天然石材等面层。也有一些建筑物直接用条石砌筑，不再做面层。寒冷地区台阶的地面应采用稍微粗糙些的材料作为面层，防止冬季台阶表面有飘雪后滑倒行人。图 10-16 为普通混凝土垫层、水泥砂浆面层台阶的构造做法。

## 10.4.2　坡道

医院的门诊部、急诊部、病房，较高级的旅馆酒店、办公楼、体育建筑等建筑物的出入口处，除了设有供人通行的台阶外，还设有供车辆上下的坡道。另外，《无障碍设计规范》（GB 50763—2012）规定，为方便残疾人，民用建筑的出入口处，应设有供轮椅通行的坡道（图 10-15d、e）。我国近几年在无障碍设计方面逐渐得到了重视。

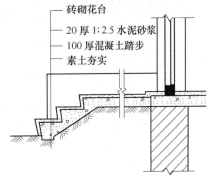

图 10-16　台阶的构造

坡道应有合适的坡度、宽度和转弯半径。

供机动车辆通行的坡道，其坡度常常在 10% 左右，一般不应大于 12%。当坡度较大时，应在坡道两端的 3.6~6.0m 的范围内做缓坡，缓坡的坡度为中间坡道坡度的 1/2。坡道的宽度和转弯半径与所通行的车辆有关。

供轮椅通行的坡道，既不能太陡，又不能太长。坡道的坡度一般为 1/12，每段的水平长度不应超过 9.0m，当高差较大时中间应设休息平台。当受场地限制时，坡度最大可为 1/8，每段的水平长度则不应超过 2.80m。坡道的宽度不应小于 0.90m，在出入口的内外，应留有不小于 1.50m×1.50m 的轮椅回转面积。

# 10.5　电梯与自动扶梯

当民用建筑的层数较高，或建筑物的等级较高时，一般都装有乘客电梯；仓库、商场等为运送货物方便，有时装有货梯；医院及疗养建筑为方便病人使用也会装有病床电梯；有特殊需要的建筑物有时装有小型杂物梯。此外，高层建筑除了普通的客梯之外还应装有消防电梯，以便在发生火灾时消防人员能够迅速到达火灾现场。

交通类建筑、大型商业建筑、科技博览建筑等，由于人流密集，并且方向性强，为加快人流速度，一般都装有自动扶梯，而不是采用装设乘客电梯的办法。

## 10.5.1　电梯

电梯由机房、井道和轿箱三大部分组成。

电梯轿箱由电梯厂家定型生产，不同种类、不同载重量以及不同厂家的电梯轿箱尺寸也不尽相同。普通乘客电梯的载重量一般有 500kg、750kg、1000kg、1500kg、2000kg 五种，货梯的载重量一般较大，而小型杂物梯的载重量较小。病床电梯除考虑载重量外，还应考虑病人担架床的尺寸。

电梯井道是电梯运行的通道，每层设有出入口，井道内设有轿箱导轨及导轨撑架、轿箱的平衡重，井道底部还安装有缓冲器，轿箱沿着导轨上下运行。井道一般为钢筋混凝土结构，也可以采用砖混结构。无论采用哪种结构形式，土建施工时必须满足安装电梯的一些要求。比如，装设导轨撑架等的预埋件的预埋，入口向井道方向挑出的装设电梯门的牛腿，顶板处穿过缆绳的预留洞等。

电梯井道的平面图和透视图见图 10-17 和图 10-18。

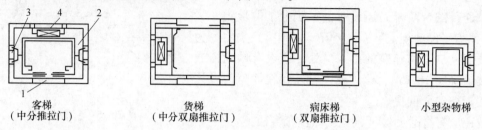

客梯
（中分推拉门）

货梯
（中分双扇推拉门）

病床梯
（双扇推拉门）

小型杂物梯

图 10-17　电梯井道平面
1—出入口　2—导轨　3—导轨撑架　4—平衡重

电梯的驱动电机以及控制部分安装在机房内，机房设在井道的正上方，机房应至少在两个方向比井道略宽，作为检修空间。液压电梯不需设置机房，而是直接将液压驱动部分安装在井底。但液压电梯的提升高度受到一定限制。

## 10.5.2　自动扶梯

自动扶梯由电动机械牵动，踏步和扶手同步运行，运行的方向可正可反，即可以提升也可以下降。自动扶梯的机房设在楼地面以下。图 10-19 为自动扶梯的示意图。

自动扶梯的安装角度一般为 30°，与电梯相类似，自动扶梯也是由厂家生产，在施工现场进行组装即可。土建施工必须按要求准确预埋安装自动扶梯的一些预埋件。

自动扶梯的栏板分为全透明型、透明型、半透明型和不透明型几种。并可以安装灯具，可根据不同的室内装修标准选用。

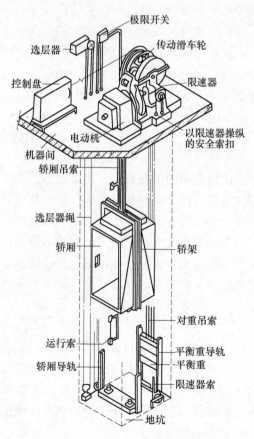

图 10-18　电梯井道和机房透视图

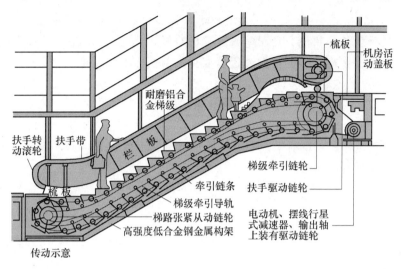

图 10-19　自动扶梯示意图

## 小　结

1. 楼梯是建筑物中重要的部件，由梯段、平台和栏杆所构成。常见的楼梯平面形式有直跑式、双跑式、多跑式、交叉式、剪刀式等。

2. 楼梯段和平台的宽度应按人流股数确定，且应保证人流和货物的顺利通行。

3. 楼梯的通行净高在平台部位应大于 2m；在梯段部位应大于 2.2m。当净高不足 2m时，可采用长短跑或降低底层室内地坪标高等办法予以解决。

4. 中、小型预制装配式钢筋混凝土楼梯可分为梁承式、墙承式和墙悬臂式；现浇钢筋混凝土楼梯可分为板式和梁板式。

5. 室外台阶与坡道的平面布置形式有单面踏步式、三面踏步式、坡道式、台阶和坡道组合式等。

6. 电梯是高层建筑的主要交通工具，由机房、电梯井道、轿厢、地坑及运载设备等部分构成。

## 绘图题

1. 绘简图表示楼梯的组成。

2. 绘图说明梯段斜梁与踏步板的明步和暗步的关系。（明步和暗步的概念见 10.3.1）

3. 绘图说明室外混凝土台阶的构造。

4. 设计并绘出楼梯各层的平面图以及剖面图。

设计要求：

（1）比例 1∶50。

（2）使用 2 号图纸，铅笔、绘图笔或计算机绘制。

（3）布图合理，字迹工整，图面表达符合建筑制图标准的规定。

## 实 训 题

当在平行双跑楼梯底层中间平台下需设置通道时，为保证平台下净高满足要求，一般可采用那些解决办法？绘图说明。

# 第 11 章

# 屋　顶

## 11.1　屋顶的作用、组成、类型和防水等级

### 11.1.1　屋顶的作用和要求

　　屋顶（图 11-1）是房屋最上层起覆盖作用的外围护构件，除承担自重，风、雨、雪荷载及检修屋面时的荷载外；同时还要用以抵抗风、雨、雪的侵蚀，太阳的辐射和冬季低温的影响。因此，屋顶设计必须满足坚固、防水、排水、保温（隔热）抵御侵蚀等要求，同时还应做到自重轻、构造简单、施工方便和经济合理等。

图 11-1　屋顶

## 11.1.2　屋顶的基本组成

屋顶由屋面、承重结构、保温（隔热）层和顶棚等部分组成。

### 1. 屋面

屋面是屋顶的面层，它暴露在大气中，直接受自然界的影响。因此，屋面的材料应具有一定的防水抗渗能力和耐自然侵蚀的性能，同时屋面也应具有一定的强度，以便承受风雪荷载和屋面检修荷载。

### 2. 屋顶的承重结构

承重结构承受屋面传来的荷载和屋顶自重，并将它们传给墙或柱。常见的屋顶承重结构有木结构、钢筋混凝土结构、钢结构等。

### 3. 保温、隔热层

由于一般屋面材料及承重结构的保温或隔热性能较差，故在寒冷地区须加设保温层，炎热地区加设隔热层，以满足节能要求。保温和隔热层应采用导热系数小的轻质材料，其位置常设于顶棚和屋面之间。

### 4. 顶棚

顶棚是屋顶的底面，又称天棚。当承重结构为板式或梁板式结构时，可以做直接抹灰式顶棚。当承重结构为屋架或要求顶棚平齐（不允许梁外露）时，可以采用吊顶棚。屋顶的组成见图11-2。

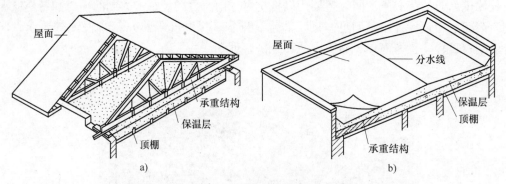

图 11-2　屋顶的组成
a）坡屋顶　b）平屋顶

## 11.1.3　屋顶的类型

由于屋面材料和承重结构形式的不同，屋顶有多种类型，一般可分为平屋顶、坡屋顶、曲面屋顶三大类。屋顶的类型见图11-3。

### 1. 平屋顶

平屋顶（图11-4）一般采用现浇或预制钢筋混凝土结构作为承重结构，屋面采用防水性能好的防水材料，屋面的排水坡度一般为3%以下，常用2%～3%。

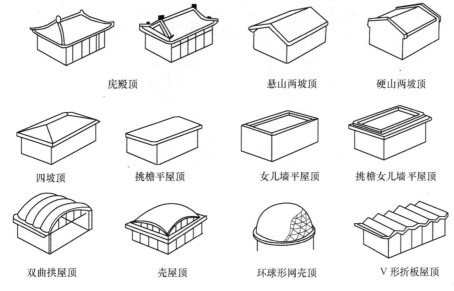

庑殿顶    悬山两坡顶    硬山两坡顶

四坡顶    挑檐平屋顶    女儿墙平屋顶    挑檐女儿墙平屋顶

双曲拱屋顶    壳屋顶    环球形网壳顶    V 形折板屋顶

图 11-3　屋顶的类型

## 2. 坡屋顶

坡屋顶（图 11-5）是常见的屋顶类型，有单坡、双坡、四坡、歇山、庑殿、卷棚等。屋面材料多以各种小块瓦为防水材料，排水坡度较大，一般在 15% 以上。也可以使用波形瓦、镀锌钢板等为屋面防水材料。

图 11-4　平屋顶

图 11-5　坡屋顶

## 3. 曲面屋顶

曲面屋顶（图 11-6）是由各种薄壁结构或悬索结构所形成屋顶，有筒形、球形、双曲面等形式。这种结构形式受力合理，能充分发挥材料的力学性能，故常用于大跨度的建筑中。

屋面工程根据建筑物的性质、重要程度、使用功能要求以及防水耐用年限等，将屋面防水分为四个等级，见表 11-1。

图 11-6 曲面屋顶

表 11-1 屋面防水等级

| 项目 | 屋面防水等级 | | | |
| --- | --- | --- | --- | --- |
| | Ⅰ | Ⅱ | Ⅲ | Ⅳ |
| 建筑物类别 | 特别重要或对防水有特殊要求的建筑 | 重要的建筑和高层建筑 | 一般的建筑 | 非永久性的建筑 |
| 防水层合理使用年限 | 25 年 | 15 年 | 10 年 | 5 年 |
| 设防要求 | 三道或三道以上防水设防 | 两道以上防水设防 | 一道以上防水设防 | 一道以上防水设防 |
| 防水层选用材料 | 宜选用合成高分子防水卷材、高聚物改性沥青防水卷材、合成高分子防水涂料、细石防水混凝土等材料 | 宜选用合成高分子防水卷材、高聚物改性沥青防水卷材、金属板材、合成高分子防水涂料、高聚物改性沥青防水涂料、细石防水混凝土、平瓦、油毡等材料 | 宜选用合成高分子防水卷材、高聚物改性沥青防水卷材、三毡四油沥青防水卷材、金属板材、合成高分子防水涂料、高聚物改性沥青防水涂料、刚性防水层、平瓦、油毡等材料 | 可选用二毡三油沥青防水卷材、高聚物改性沥青防水涂料等材料 |

# 11.2 屋顶的排水与防水

屋顶设计必须满足坚固耐久、防水、排水、保温（隔热）耐侵蚀等要求。在这些要求中防水和排水是至关重要的内容。屋面防水是指屋面材料应该具有一定的抗渗能力，做到不漏水；屋面排水是指屋面雨水能迅速排除而不积存，以减少渗漏的可能性。如果屋面排水处理不好，雨水积存在屋面上形成一定的压力就必然增加渗漏的可能性，因此屋面设计中排水设计是基础，防水设计是关键。

## 11.2.1 屋顶的排水

### 1. 屋顶排水坡度的形成

（1）材料找坡（亦称垫置坡度） 屋面板水平搁置，屋面坡度由铺在屋面板上的厚度有变化的找坡层形成。材料找坡一般用于跨度较小的民用建筑屋面。找坡层的材料应用造价低的轻质材料，如水泥炉渣、石灰炉渣、加气混凝土等。

（2）结构找坡（亦称搁置坡度） 屋面板倾斜搁置形成坡度。顶棚是倾斜的，由于不需另设找坡层，因而减轻了屋顶的荷载，多用于工业建筑及有吊顶的民用建筑。

### 2. 排水方式

屋面的排水方式分为无组织排水和有组织排水两类。

（1）无组织排水 无组织排水是指雨水经屋檐自由下落的排水方式，也称自由落水。无组织排水的檐口应设挑檐，以防屋面雨水下落冲刷墙面。无组织排水一般用于檐口高度较小的建筑中。

（2）有组织排水 当建筑较高或年降雨较大时，应采用有组织排水。有组织排水是设置天沟将雨水汇集后，经天沟底部 1% 的坡度将雨水导向雨水口，然后经雨水管排到室外地面或地下排水系统。有组织排水分为外排水和内排水两种方式。

1）外排水 外排水是指雨水管装在室外的一种排水方式，常见的形式有挑檐沟外排水、女儿墙外排水、女儿墙挑檐沟外排水等。

2）内排水 内排水就是指雨水由内天沟汇集，经雨水口和室内雨水管排入建筑下水系统。平屋顶的排水方式见图 11-7。

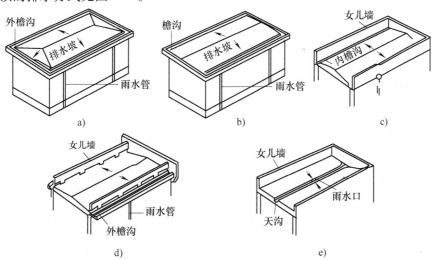

图 11-7 平屋顶的排水方式

a）四坡屋面挑檐沟外排水 b）二坡屋面挑檐沟外排水 c）女儿墙外排水 d）女儿墙挑檐 e）内排水

**3. 雨水管的间距**

有组织排水时，不论内排水还是外排水，都要通过雨水管将雨水排除，因而必须有足够数量的雨水管才能将雨水及时排走。雨水管的数量与降雨量和雨水管的直径有关，雨水管的常用间距为 10～15m。

常用的雨水管有 UPVC 管、铸铁管、镀锌钢管等几种，其直径有 50mm、75mm、100mm、125mm、200mm 等几种规格，民用建筑常用直径 75～100mm 的雨水管。

## 11.2.2　屋顶的防水

平屋顶的防水方式有卷材防水、涂膜防水、刚性防水等。

**1. 卷材防水屋面**

常用防水卷材有沥青防水卷材、高聚物改性沥青防水卷材、合成高分子防水卷材等。卷材防水适用于防水等级 I～Ⅳ级的屋面防水。

（1）沥青防水卷材　沥青防水卷材，是用原纸、纤维织物、纤维毡等胎体材料浸沥青，表面撒布粉状、粒状或片状材料，制成可卷曲的片状防水材料。

①石油沥青纸胎油毡　石油沥青纸胎油毡分为 200 号、350 号和 500 号三种标号；按所用隔离材料不同，又分为粉状面油毡和片状面油毡；350 号和 500 号粉状面油毡，适用于屋面、地下、水利等工程的多层防水；片状面油毡用于单层防水。

②沥青玻璃布油毡　适用于地下防水、防腐层用，也适合于平屋顶防水层及非热力的金属管道防腐保护层。

③铝箔面油毡　系采用玻纤毡为胎基，浸涂氧化沥青，在其上面用压纹铝箔贴面，底面撒以细颗粒矿物材料或覆盖聚乙烯膜，所制成的具有热反射和装饰功能的防水卷材。

（2）高聚物改性沥青防水卷材　高聚物改性沥青防水卷材，是以合成高分子聚合物改性沥青为涂盖层，纤维织物或纤维毡为胎体，粉状、粒状、片状或薄膜材料为覆面材料制成可卷曲的片状防水材料。

①再生胶油毡　再生胶油毡是再生橡胶、10 号石油沥青和碳酸钙，经混炼、压延而成的无胎防水卷材。它的主要特点是具有一定的延伸性，低温柔性较好，耐腐蚀能力较强，可单层冷作业铺设。

②弹性体沥青防水卷材　弹性体沥青防水卷材是用沥青或热塑弹性体（如 SBS 改性沥青）浸渍胎基，两面涂以弹性体沥青涂盖层，上表面撒以细砂、矿物粒（片）料或覆盖聚乙烯膜，下表面撒以细砂或覆盖聚乙烯膜所制成的防水卷材。它的特点是耐高温性、耐低温性和耐疲劳性较好，耐撕裂强度、耐穿刺性和弹性较高。改性沥青柔性油毡，适用于屋面及地下防水工程。

（3）合成高分子防水卷材　合成高分子防水卷材是以合成橡胶、合成树脂或两者的共混体为基料，加入适量的化学助剂和填充料等，经不同工序加工而成可卷曲的片状防水卷材。

①橡胶系防水卷材　有硫化型橡胶卷材、三元乙丙橡胶卷材等。

②塑料系防水卷材　有聚氯乙烯防水卷材和氯化乙烯防水卷材等。

③橡塑共混型防水卷材　是氯化聚乙烯-橡胶共混的防水卷材，它兼有塑料和橡胶的优点，使卷材的抗拉强度、伸长率和耐老化性能等，都有显著提高。

**2. 涂膜防水屋面**

涂膜防水的防水涂料有沥青基防水涂料、高聚物改性沥青防水涂料和合成高分子防水涂料等，涂膜防水主要用于防水等级为Ⅲ级、Ⅳ级的屋面防水，也可用作Ⅰ级、Ⅱ级屋面多道防水中的一道防水层。

（1）沥青基防水涂料　以沥青为基料配制成的水乳型或溶剂型防水涂料。

（2）高聚物改性沥青防水涂料　以沥青为基料，用合成高分子聚合物进行改性，配制成的水乳型或溶剂型防水涂料。这种涂料可冷作业施工，机械化喷涂，施工效率高。

①氯丁胶乳沥青防水涂料　是以氯丁橡胶和沥青为基料，先分别配制成乳液，再按比例均匀混合在一起的产物。

②再生胶沥青防水涂料　是以石油沥青为基料，再生橡胶为改性材料，复合而成的防水涂料。这种涂料有水乳型和油溶型两种。

**3. 刚性防水屋面**

刚性防水屋面是指用防水砂浆或密实混凝土作为防水层的屋面。

防水砂浆或密实混凝土的形成方法有：

（1）加防水剂　防水剂掺入砂浆或混凝土后，能产生不溶性物质堵塞毛细孔，提高防水能力。一般防水剂掺入量为水泥重量的3%～5%。

（2）加泡沫剂　泡沫剂形成的微小气泡构成封闭的互不连通的细小空泡结构，破坏了砂浆或混凝土中的毛细孔，提高了防水能力。

（3）提高密实性　在配制砂浆或混凝土时，注意集料级配，控制施工质量，可以提高砂浆或混凝土的密实性。

**4. 屋面密封材料**

屋面密封材料适用于屋面防水工程的密封处理，并与卷材防水屋面、涂膜防水屋面、刚性防水屋面等配合使用。

（1）改性沥青密封材料　改性沥青密封材料是用沥青为基料，用适量的合成高分子聚合物进行改性，加入填充料和其他化学助剂配制而成的膏状密封材料，如建筑防水沥青嵌缝油膏、煤焦油-聚氯乙烯油膏等。

（2）合成高分子密封材料　合成高分子密封材料以合成高分子材料为主体，加入适量的化学助剂、填充材料和着色剂，经过特定的生产工艺加工而成的膏状密封材料，有聚氯乙烯建筑防水接缝材料（简称PVC）、磺化聚乙烯嵌缝密封膏、水乳型丙烯酸酯密封膏、聚氨酯建筑密封膏等。

# 11.3 平屋顶的构造

## 11.3.1 柔性防水屋面的构造

柔性防水屋面指以卷材为防水层的屋面。

### 11.3.1.1 柔性防水屋面的构造组成

柔性防水屋面的构造组成从下至上有结构层、找平层、结合层、防水层、保护层。

**1. 结构层**

结构层是屋顶的承重结构，一般采用现浇或预制钢筋混凝土屋面板。

**2. 找平层**

为了保证卷材基层表面的平整度，一般在结构层或保温层上作1:3水泥砂浆找平层厚15~30mm，为防止找平层变形开裂破坏卷材防水层，宜在找平层上设置分格缝，缝宽一般为20mm，并嵌填密封材料，分格缝的间距不宜大于6m。

**3. 结合层**

由于砂浆找平层表面存在因水分蒸发形成的孔隙和小颗粒粉尘，很难使沥青与找平层粘结牢固，所以需要在找平层上刷一层冷底子油作为结合层。冷底子油是用沥青加入柴油或汽油等有机溶剂稀释而成，由于配制是在常温下进行不需加热，故称冷底子油。

**4. 防水层**

防水层的材料有沥青防水卷材、高聚物改性沥青防水卷材、合成高分子防水卷材等。卷材铺设应采用搭接法，上下层及相邻两幅卷材的搭接缝应错开；平行于屋脊的搭接缝应顺水流方向搭接；垂直于屋脊的搭接缝应顺最大频率风向搭接。各卷材的搭接宽度应满足表11-2要求。

表 11-2 卷材的搭接宽度

| 搭接方向 | | 短边搭接宽度/mm | | 长边搭接宽度/mm | |
|---|---|---|---|---|---|
| 铺贴方法 卷材种类 | | 满铺法 | 空铺法 点铺法 条铺法 | 满铺法 | 空铺法 点铺法 条铺法 |
| 沥青防水卷材 | | 100 | 150 | 70 | 100 |
| 高聚物改性沥青防水卷材 | | 80 | 100 | 80 | 100 |
| 自粘聚合物改性沥青防水卷材 | | 60 | — | 60 | — |
| 合成高分子防水卷材 | 粘接剂 | 80 | 100 | 80 | 100 |
| | 胶粘带 | 50 | 60 | 50 | 60 |
| | 单缝焊 | 60，有效焊缝宽度不小于25 | | | |
| | 双缝焊 | 80，有效焊缝宽度为 $10 \times 2$ + 空腹宽 | | | |

**5. 保护层**

卷材防水层在阳光和大气长期作用下会失去弹性而变脆开裂，故需在防水层上设置保护层。

屋面为不上人屋面时，热玛脂粘贴的沥青防水卷材可选用粒径为 3～5mm、色浅、耐风化和颗粒均匀的绿豆砂；冷玛脂粘贴的沥青防水卷材可选用云母或蛭石等片状材料。有的地区试用铝银粉为保护层，其具有反射太阳辐射性能好、施工方便、重量轻及造价低等优点。

上人屋面保护层，可以在防水层上浇注 30～40mm 厚的细石混凝土面层，每隔 2m 设一道分格缝，见图 11-8a。也可铺设预制 C20 级的细石混凝土板（400mm × 400mm × 300mm），用 1:3 水泥砂浆作为结合层，见图 11-8b。为了防止块材或整体面层由于温度变形将卷材防水层拉裂，应在保护层和防水层之间设置隔离层。隔离层可采用低强度砂浆或干铺一层卷材。

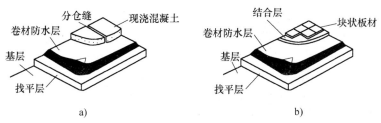

图 11-8　上人屋面保护层做法

a）现浇混凝土面层　b）预制板材面层

**11. 3. 1. 2　柔性防水屋面的细部构造**

柔性防水屋面构造除应做好大面积防水外，还应按照《屋面工程技术规范》（GB 50345—2012）的要求，特别注意屋面各节点部位的构造、处理，如屋面防水层与垂直墙面相交处的泛水，屋面檐口、雨水口、变形缝和伸出屋面的管道、烟囱、屋面检查口等与屋面防水层的交接处的构造，这些部位是防水层切断处或防水层的边缘，是屋面防水层最容易处理不当的部位。

**1. 泛水**

屋面防水层与垂直墙面相交处的构造处理称泛水，女儿墙、出屋面水箱、出屋面的楼梯间等与屋面的相交部位，均应作泛水。泛水与屋面相交处的找平层应做成圆弧（半径 100～150mm），以防止卷材由于直角铺设而折断。为增强泛水处的防水能力，泛水处应加铺一层卷材。卷材在垂直墙面上的粘贴高度应≥250mm，通常为 300mm。为防止卷材与墙面脱离，卷材上部应收头，砖墙泛水构造见图 11-9a，钢筋混凝土墙泛水构造见图 11-9b。

**2. 檐口**

包括自由落水檐口、挑檐沟檐口、女儿墙内檐沟檐口等。

（1）自由落水檐口　一般采用现浇或预制钢筋混凝土挑檐，卷材在檐口 800mm 范围内

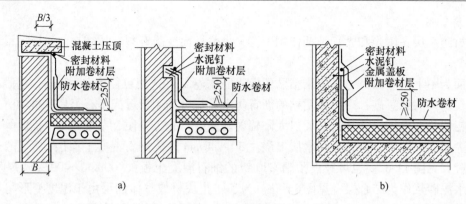

图 11-9　泛水构造

a）砖墙泛水构造　b）钢筋混凝土墙泛水构造

应采用满贴法，卷材端部收头应固定密封。

自由落水檐口构造见图 11-10。

（2）挑檐沟檐口　挑檐沟檐口一般采用现浇或预制钢筋混凝土挑檐沟挑出。檐沟内应加铺 1～2 层卷材，檐沟与屋面交接处的加铺卷材宜空铺，空铺宽度应为 200mm。卷材在檐沟端部收头。挑檐沟檐口构造见图 11-11。

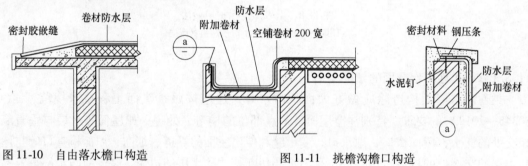

图 11-10　自由落水檐口构造　　　　　图 11-11　挑檐沟檐口构造

### 3. 雨水口

有组织排水的雨水口可分为设在檐沟底部的水平雨水口和设在女儿墙上的垂直雨水口两种。水落口杯有铸铁和塑料两种，水落口周围 500mm 范围内坡度不应小于 5%，并用防水涂料或密封材料涂封。为防止渗漏，雨水口处应加铺一层卷材并铺至落水口杯内，用油膏嵌缝。水落口杯与基层相接处应留宽 20mm、深 20mm 凹槽，嵌填密封材料。雨水口构造见图 11-12。

### 4. 管道出屋面的构造

伸出屋面管道周围的找平层应作成圆锥台，管道与找平层之间应留凹槽，并嵌填密封材料，防水层卷材卷起高度不应小于 250mm。防水层收头处应用金属箍箍紧，并用密封材料密封，其构造见图 11-13。

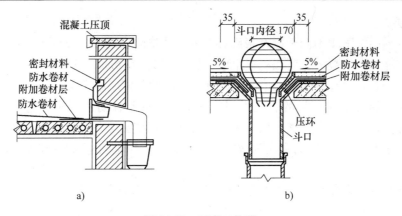

图 11-12 雨水口构造

a) 垂直雨水口 b) 水平雨水口

**5. 屋面出入口的构造**

卷材防水层的收头应压在混凝土压顶圈下，见图 11-14。

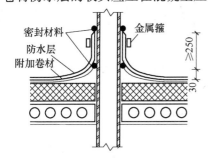

图 11-13 管道出屋面构造

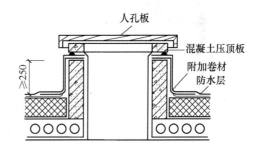

图 11-14 屋面出入口构造

## 11.3.2 刚性防水屋面构造组成

刚性防水屋面的构造组成从下至上有结构层、找平层、隔离层、防水层，见图 11-15。

**1. 结构层**

刚性防水屋面的结构层一般采用现浇或预制钢筋混凝土屋面板。

**2. 找平层**

当结构层采用预制钢筋混凝土屋面板时，应做 20mm 厚 1:3 水泥砂浆找平层；当采用现浇钢筋混凝土屋面板时，可不设找平层。

**3. 隔离层**

刚性防水层受温度变化热胀冷缩，如与结构层做成整体则受结构层约束，从而产生约束应力导致防水层开裂，所以应在结构层和防水层之间设置隔离层。隔离层可采用纸筋灰、干铺卷材、低强度等级砂浆等。

**4. 防水层**

刚性防水屋面常采用不低于 C20 级细石混凝土整浇防水层，其厚度不应小于 40mm。为防止混凝土收缩时产生裂缝，应在混凝土中配置直径为 4 ~ 6mm，间距为 100 ~ 200mm 的双向钢筋网片。钢筋网片在分格缝处应断开，其保护层的厚度应不小于 10mm。

为了防止因温度变化产生的裂缝无规律的扩展，通常在防水层中设置分格（仓）缝。分格缝的位置应设在结构层的支座处、屋面转折处、防水层与突出屋面结构的交接处，其纵横间距不宜大于 6m。分格缝的宽度为 20mm 左右，缝口用油膏嵌 20 ~ 30mm 深，缝内填沥青麻丝。

为防止嵌缝油膏老化，常用卷材覆盖分格缝。纵向分格缝一般采用平缝（图 11-16a），横向分格缝和屋脊处的分格缝可采用凸出表面 20 ~ 40mm 的凸缝（图 11-16b）。

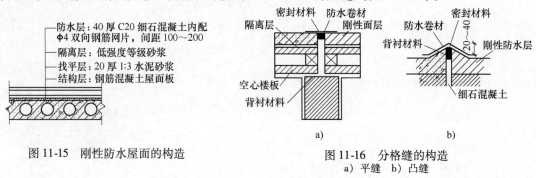

图 11-15　刚性防水屋面的构造

图 11-16　分格缝的构造
a）平缝　b）凸缝

# 11.4　坡屋顶的构造

## 11.4.1　坡屋顶的承重结构

坡屋顶的承重结构有硬山搁檩和屋架承重两种。硬山搁檩是把横墙上部砌成三角形，直接搁置檩条以支撑屋顶荷载，一般用于小开间的房屋。当房屋开间较大时则选用屋架承重，屋面上的荷载通过屋面板、檩条等构件传给屋架，再由屋架传给墙或柱，见图 11-17。

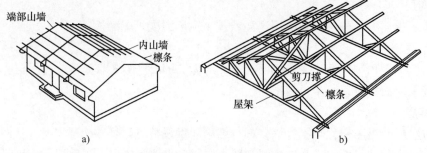

图 11-17　坡屋顶的承重结构
a）硬山搁檩　b）屋架承重

房屋平面有凸出部分时，屋顶结构有两种做法：一种是将凸出部分的檩条搁置在房屋的檩条上，另一种是将檩条搁置在房屋的斜梁上，见图 11-18。四坡屋顶的屋顶结构是利用半屋架或斜梁搁置檩条，见图 11-19。

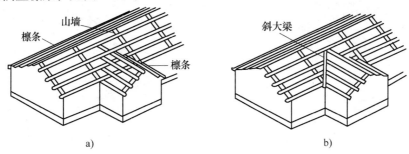

图 11-18　平面凸出部分的承重结构
a）檩条支撑　b）斜梁支撑

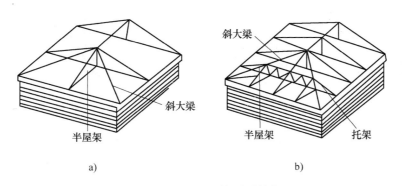

图 11-19　四坡屋顶的承重结构
a）屋面宽度较小时　b）屋面宽度较大时

### 11. 4. 2　坡屋面的基层和防水层

坡屋面所采用的防水层有平瓦屋面、小青瓦屋面、波形瓦屋面、压型钢板屋面等。

**1. 平瓦屋面**

平瓦屋面所用的瓦材有黏土平瓦及水泥平瓦两种，其规格为 400mm × 240mm，厚度 20mm。

（1）平瓦屋面的做法

①冷摊瓦屋面　是直接在椽条上钉挂瓦条，见图 11-20。这种做法构造简单，但雨雪易从瓦缝中飘入室内。

②木望板瓦屋面　是在屋架上或砖墙上设檩条，在檩条上钉木望板，并平行屋脊干铺一层油毡，在油毡上面垂直于屋脊方向钉断面为 6mm × 24mm 或 9mm × 30mm 的顺水条，间距 400 ~ 500mm，然后垂直于顺水条钉断面 20mm × 25mm 的挂瓦条，最后挂平瓦。这种做法的

优点是由瓦缝渗漏的雨水被阻于油毡之上，可以沿顺水条排除，屋面的保温效果也好。其构造做法见图11-21。

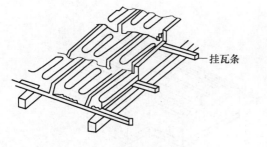

图11-20　冷摊瓦屋面构造

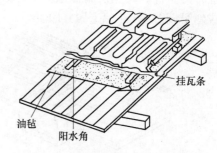

图11-21　木望板瓦屋面构造

③钢筋混凝土屋面板瓦屋面　在钢筋混凝土屋面板上直接粘贴或设木质挂瓦条挂贴各种型瓦如琉璃瓦、波纹瓦、水泥瓦等，其构造做法见图11-22。

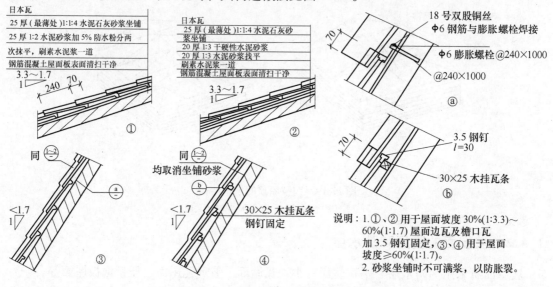

图11-22　钢筋混凝土屋面板瓦屋面构造

（2）平瓦屋面的细部构造

①纵墙檐口　当檐口出檐较小时，可采用砖挑檐，砖逐皮挑出1/4砖，挑出总长度不大于墙厚的1/2。有椽子的屋面可以用椽子出挑，挑檐长度一般为300～500mm。当檐口出挑较大时，采用屋架下弦设托木或木挑檐，这种做法挑檐长度可达500～800mm，见图11-23。

②山墙檐口　山墙檐口按屋顶形式分为硬山和悬山两种。硬山是将山墙高出屋面形成山墙女儿墙。女儿墙与屋面相交处做泛水处理，作法有1:3水泥砂浆泛水及水泥麻刀石灰泛水等，见图11-24。悬山是把屋面挑出山墙之外的做法，一般先将檐条外挑，檐条端部钉木封

檐板，再用加麻刀的混合砂浆将边压住，抹出封檐线，见图 11-25。

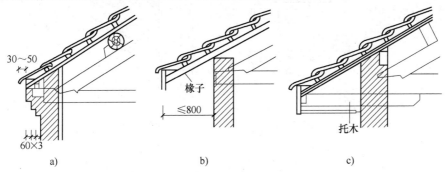

图 11-23 纵墙檐口构造

a）砖挑檐 b）椽木挑檐 c）托木挑檐

图 11-24 硬山檐口构造

a）小青瓦泛水 b）砂浆泛水

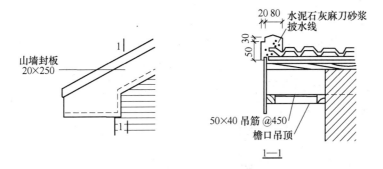

图 11-25 悬山檐口构造

③烟囱根部的泛水 烟囱根部常做镀锌薄钢板泛水，在烟囱近屋脊一侧，薄钢板应镶入瓦下；在烟囱近檐口一侧，薄钢板应盖在瓦上；两侧镀锌薄钢板上翻 250mm 高，插入墙内的预埋木砖上，见图 11-26。

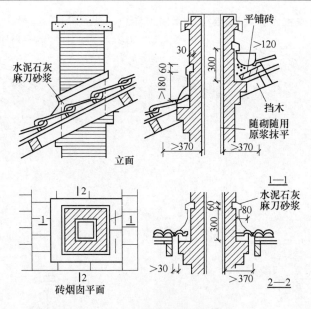

图 11-26　烟囱根部的泛水构造

## 2. 波形瓦屋面

波形瓦包括石棉水泥波形瓦、木质纤维波形瓦、钢丝网水泥波形瓦、镀锌瓦楞铁皮（镀锌波形薄钢板）、玻璃钢波形瓦等。

波形瓦的特点是自重轻、强度高、尺寸大、接缝少、防漏性能好等。波形瓦可直接用瓦钉铺或用钩子挂铺在檩条上。上下搭接至少 100mm 左右，左右应顺主导风搭接，搭接宽度至少一个半瓦。瓦钉的钉固孔位应在瓦的波峰处，并应加设镀锌垫圈、毡垫等，做法见图 11-27。

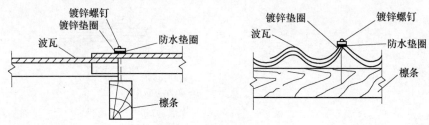

图 11-27　波形瓦的搭接

## 3. 压型钢板屋面

压型钢板屋面可直接铺设在檩条上，通过固定支架与檩条相连接，上下两排的搭接长度不小于 200mm，缝内用密封材料嵌填严密，檐口处应设异型镀锌钢板的堵头封檐板，山墙处应用异型镀锌钢板的包角板和固定支架封严，做法见图 11-28。

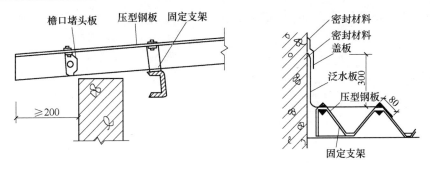

图 11-28　压型钢板屋面构造

# 11.5　屋顶的保温与隔热

## 11.5.1　平屋顶的保温与隔热

北方地区，为减少冬季室内的热量通过屋顶向室外散失，屋顶应设置保温层。

**1. 保温材料的类型**

保温材料必须是空隙多、容重轻、导热系数小的材料。按施工方式不同可分为三类：

（1）松散保温材料　有膨胀珍珠岩、炉渣（粒径为 5～40mm）、矿棉等。

（2）整体保温材料　沥青膨胀珍珠岩、沥青膨胀蛭石、水泥膨胀珍珠岩、水泥膨胀蛭石、水泥炉渣等。

（3）板状保温材料　加气混凝土板、泡沫混凝土板、膨胀珍珠岩板、膨胀蛭石板、矿棉板、泡沫塑料板等。

**2. 平屋顶的保温构造**

平屋顶保温层的位置有两种：一种是将保温层放在防水层之下，结构层之上，成为封闭的保温层；另一种是将保温层放在防水层之上，成为敞露的保温层。前一种方式叫正铺法，后一种方式叫倒铺法。

冬季室内温度高于室外，室内的水蒸气通过结构层的空隙渗透进保温层，使保温层受潮，从而降低保温层的保温性能。同时保温层中的水分遇热后转化为蒸汽，体积膨胀，会导致卷材防水层起鼓破坏。所以正铺法保温屋面需在保温层和结构层之间作隔汽层。正铺法卷材保温屋面构造见图 11-29。

隔汽层阻止了外界水蒸气渗入保温层，但施工中残留在保温层或找平层中的水分却无法散失，这就需要在

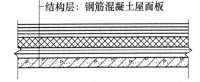

保护层：粒径 3～5 厚细砂
防水层：改性沥青卷材
结合层：冷底子油二道
找平层：20 厚 1:3 水泥砂浆
保温层：热工计算确定
隔汽层：一毡二油
结合层：冷底子油二道
找平层：20 厚 1:3 水泥砂浆
结构层：钢筋混凝土屋面板

图 11-29　正铺法卷材保温屋面构造

保温层中设置排气道和排气孔，排气道构造见图 11-30。

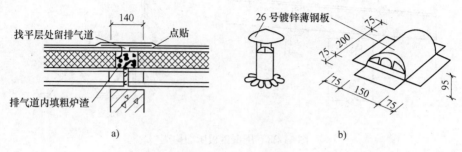

a)　　　　　　　　　　　　　　b)

图 11-30　排气道的构造

a）排气道　b）排气帽

倒铺法卷材保温屋面构造是将保温层设在防水层之上。倒铺屋面的保温层采用憎水性的保温材料，如聚苯乙烯泡沫塑料板、聚氨酯泡沫塑料板等。保温层在防水层之上既保护了防水层，同时也提高了屋面的热工性能，节省能源。倒铺屋面的保温层上面可采用混凝土板、卵石等做保护层，倒铺法卷材保温屋面见图 11-31。

**3. 平屋顶的隔热**

南方地区，为避免夏季太阳辐射热从屋顶进入室内，对屋面需做隔热处理。

屋顶隔热降温的基本原理是减少太阳辐射热直接作用于屋顶表面。隔热的构造措施有：种植屋面、蓄水屋面、通风隔热屋面、反射降温隔热四种方式，这里主要介绍常用的通风隔热屋面。

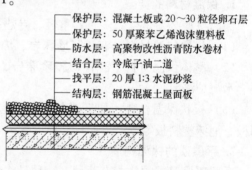

保护层：混凝土板或 20～30 粒径卵石层
保护层：50 厚聚苯乙烯泡沫塑料板
防水层：高聚物改性沥青防水卷材
结合层：冷底子油二道
找平层：20 厚 1:3 水泥砂浆
结构层：钢筋混凝土屋面板

图 11-31　倒铺法卷材保温屋面的构造

通风隔热屋面就是在屋顶中设置通风隔热间层，利用间层的空气流动不断地将热量带走，使下层屋面板传给室内的热量减少，达到隔热降温的目的。通风间层通常有两种方式，一种是在屋面上做架空通风隔热层，另一种是利用顶棚内的空间做通风隔热层。

架空通风隔热屋面：架空通风隔热层的高度与屋面的宽度和坡度成正比，一般架空通风隔热层的净空高度宜为 100～300mm。当屋面的宽度大于 10m 时，必须设通风脊，以便增加风压来改善通风效果。另外，为保证有足够的通风口，架空通风隔热层与女儿墙之间应留不小于 250mm 的距离。

通风层可以采用砖墩或砖垄墙支承大阶砖和预制拱形、三角形、槽形混凝土瓦。通风层的进风口宜设在夏季主导风的正压区，出风口宜设在负压区，这样空气对流速度快，散热效果好。平屋顶的通风降温隔热屋面构造见图 11-32。

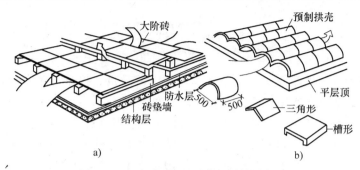

图 11-32 平屋顶的通风降温隔热示意图

a）大阶砖或预制混凝土板架空通风层 b）预制配件通风层

## 11.5.2 坡屋顶的保温与隔热

### 1. 坡屋顶的保温

当屋顶有吊顶棚时，保温层应设在吊顶棚上。不设吊顶的屋顶，保温层设在屋面层中。保温材料多用膨胀珍珠岩、玻璃棉、矿棉、白灰锯末等，坡屋顶保温构造见图 11-33。

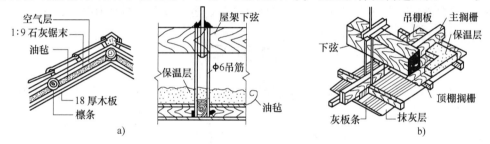

图 11-33 坡屋顶的保温构造

a）保温层在屋面中 b）保温层在顶棚上

### 2. 坡屋顶的通风隔热

坡屋顶屋面可设成双层屋面，屋檐设进风口，屋脊设出风口，利用空气流动带走间层中的一部分热量，从而达到降温的目的。另外当屋顶有吊顶棚时，可利用吊顶棚与屋面之间的空隙来通风，通风口一般设在檐口、屋脊、山墙等处。

坡屋顶的通风构造见图 11-34。

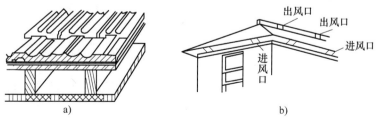

图 11-34 坡屋顶的通风构造

a）双层通风屋面 b）顶棚通风屋面

## 小 结

1. 屋顶按外形分为坡屋顶、平屋顶和其他形式的屋顶。按屋面防水材料分为柔性防水屋面、刚性防水屋面、涂膜防水屋面、瓦屋面四类。

2. 屋顶设计的主要任务是解决好防水、保温隔热、坚固耐久、造型美观等问题。

3. 屋顶排水设计的主要内容是：确定屋面排水坡度；绘制屋顶排水平面图。每根雨水管可排除约 $200m^2$ 的屋面雨水，其间距控制在 $10 \sim 15m$ 以内。天沟纵向坡度取 $1\%$。

4. 卷材防水屋面的细部构造是防水的薄弱部位，包括泛水、天沟、雨水口、檐口、变形缝等。

5. 混凝土刚性防水屋面主要适用于我国南方地区。为了防止开裂，应在防水层中加钢筋网片，设置分格缝，分格缝之间的距离不应超过 $6m$。

6. 涂膜防水屋面的构造要点类同于卷材防水屋面。

7. 平瓦屋面基层有冷摊瓦作法、木望板作法。

8. 屋顶隔热降温的主要方法有：架空间层通风、蓄水降温、屋面种植、反射降温。

## 绘 图 题

1. 绘制一有保温要求，且不上人的油毡防水屋面（平屋顶）断面构造图，并注明各构造层名称。

2. 进行屋面排水和防水构造设计，完成屋顶平面图和屋顶节点构造详图。

## 实 训 题

参观某建筑屋面工程施工现场，说明该屋面采用的防水方式。

# 第12章

# 变 形 缝

## 12.1　变形缝的作用、类型

### 12.1.1　变形缝的作用

房屋受到外界各种因素的影响，会使房屋产生变形、开裂而导致破坏。这些因素包括温度变化的影响、房屋相邻部分荷载差异较大、结构类型不同、地基承载力差异较大以及地震的作用等。为了防止房屋的破坏，常将房屋分成几个独立的部分，使各部分能相对独立变形，互不影响，各部分之间的缝隙称为房屋的变形缝，见图 12-1。

图 12-1　变形缝

### 12.1.2 变形缝的类型

变形缝分为伸缩缝、沉降缝和防震缝。

**1. 伸缩缝**

伸缩缝是为了防止建筑因温度变化产生破坏的变形缝。由于自然界冬夏温度变化的影响，建筑物构件会因热胀冷缩引起变形，这种变形与房屋的长度有关，长度越大变形越大，当变形受到约束时，就会在房屋的某些构件中产生应力，从而导致破坏。在房屋中设置伸缩缝就是使缝间建筑的长度不超过某一限值，减小温度应力，避免破坏建筑构件。伸缩缝的间距与结构类型有关。

伸缩缝要从房屋基础的顶面开始，墙体、楼地面、屋顶均应设置。由于地下温度变化较小，故基础可以不设伸缩缝。屋面材料为平瓦或波形瓦时，其间缝隙较大可以伸缩，也可以不设伸缩缝。伸缩缝的宽度一般为 20～30mm。钢筋混凝土结构伸缩缝最大间距见表 12-1。

表 12-1　钢筋混凝土结构伸缩缝最大间距　　　　　　　　　（单位：m）

| 结构类型 | | 室内或土中 | 露天 |
|---|---|---|---|
| 排架结构 | 装配式 | 100 | 70 |
| 框架结构 | 装配式 | 75 | 50 |
| | 现浇式 | 55 | 35 |
| 剪力墙结构 | 装配式 | 65 | 40 |
| | 现浇式 | 45 | 30 |
| 挡土墙、地下室墙壁等类结构 | 装配式 | 40 | 30 |
| | 现浇式 | 30 | 20 |

**2. 沉降缝**

房屋因不均匀沉降造成某些薄弱部位产生错动开裂。为了防止房屋无规则的开裂，应设置沉降缝。沉降缝是在房屋适当位置设置的垂直缝隙，把房屋划分为若干个刚度较一致的单元，使相邻单元可以自由沉降，而不影响房屋整体。

设置沉降缝的原则是：

（1）房屋的相邻部分高差较大（例如相差两层及两层以上）。

（2）房屋相邻部分的结构类型不同。

（3）房屋相邻部分的荷载差异较大。

（4）房屋的长度较大或平面形状复杂。

（5）房屋相邻部分一侧设有地下室。

（6）房屋相邻部分建造在地基土的压缩有显著差异处。

（7）分期建造房屋的交界处。

沉降缝应包括基础在内，从屋顶到基础全部构件均需分开。沉降缝可以兼起伸缩缝的作用，伸缩缝却不能代替沉降缝。

为了防止房屋相邻两单元沉降时互相接触影响自由沉降，沉降缝的宽度与地基性质和房屋的层数（高度）有关，沉降缝的宽度一般为 30 ~ 70mm。

**3. 防震缝**

建造在地震区的房屋，地震时会遭到不同程度的破坏，为了避免破坏应按抗震要求进行设计。抗震设防烈度 6 度以下地区地震时，对房屋影响轻微可不设防；抗震设防烈度为 10 度地区地震时，对房屋破坏严重，建筑抗震设计应按有关专门规定执行。抗震设防烈度为 6 ~ 9 度地区，应该按一般规定设防，包括在必要时设置防震缝。

防震缝将房屋划分成若干形体简单、结构刚度均匀的独立单元，以避免震害。

防震缝的设置原则和宽度，以抗震设防烈度、房屋结构类型和高度不同而异。

（1）多层砌体房屋有下列情况之一时宜设置防震缝：

1）房屋立面高差在 6m 以上。

2）房屋有错层，且楼板高差较大。

3）房屋各部分结构刚度、质量截然不同。

防震缝应沿房屋基础顶面以上全部结构设置，缝两侧均应设置墙体，基础因埋在土中可不设缝。防震缝宽可采用 50 ~ 100mm，抗震设防地区房屋的伸缩缝和沉降缝应符合防震缝的要求。

（2）钢筋混凝土房屋宜选用合理的建筑结构方案不设防震缝，当必须设置防震缝时，其最小宽度为：框架结构房屋，当高度不超过 15m 时，可以采用 70mm；当高度超过 15m 时，抗震设防烈度为 6 度、7 度、8 度和 9 度相应每增加高度 5m，4m，3m 和 2m，宜加宽 20mm；框架-抗震墙结构房屋的防震缝宽度可采用上列相应数值的 70%；抗震墙结构房屋的防震缝宽度可采用上列相应数值的 50%；且均不应小于 70mm。

## 12.2 变形缝的构造

### 12.2.1 墙体变形缝

墙体伸缩缝分为内外两个表面，外表面与自然界接触，内表面则与使用建筑的人接触，所以内外表面应采取相应的构造措施。一般做法是：外墙面上薄钢板盖缝；内墙面上则应用木材盖缝条装修。伸缩缝应设置在建筑平面有变化处，以利隐蔽处理，有时考虑对立面的影响，在可能条件下，也可用落水管挡住伸缩缝，当外墙不抹灰（清水墙）时，不必加钉钢丝网片。外墙变形缝做法见图 12-2，内墙变形缝做法见图 12-3。

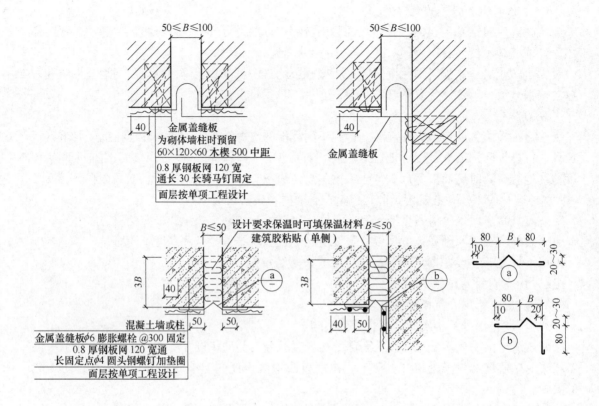

图 12-2　外墙金属盖缝

## 12.2.2　楼地面变形缝

楼地面变形缝的位置和尺寸，应与墙体变形缝相对应。在构造上应保证地面面层和顶棚美观，又应使缝两侧的构造自由伸缩。

楼层地面和首层地面的整体面层、刚性垫层均应在变形缝处断开。垫层的缝内常以可压缩变形的沥青麻丝填充，面层用金属板、硬橡胶板、塑料板盖缝，以防灰尘下落。楼层变形缝下表面为顶棚面，一般采用木质或硬质塑料盖缝条。

地面变形缝做法见图 12-4。楼顶变形缝做法见图 12-5。

## 12.2.3　屋面变形缝

屋面变形缝的位置有两种情况，一种是变形缝两侧屋面的标高相同，另一种是变形缝两侧屋面的标高不同。

卷材防水屋面变形缝做法见图 12-6。刚性防水屋面变形缝做法见图 12-7。

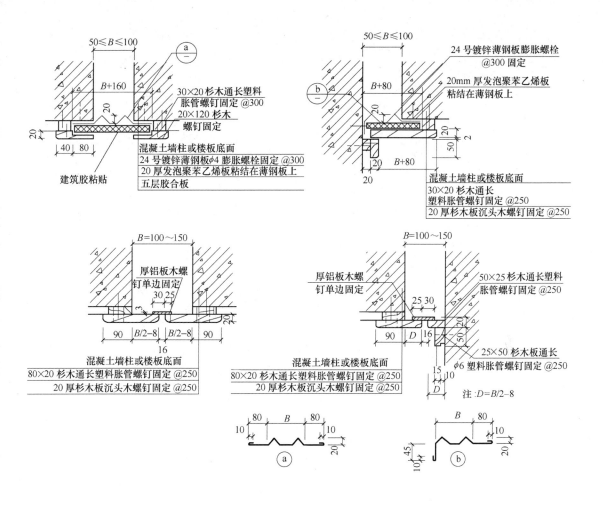

图 12-3　内墙木材盖缝

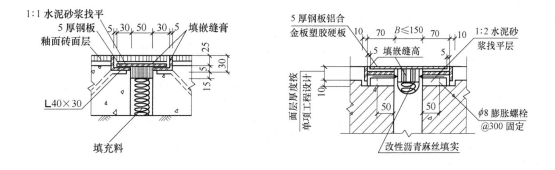

图 12-4　地面变形缝　　　　　　　图 12-5　楼顶变形缝

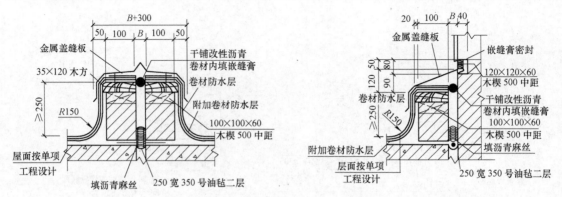

图 12-6　卷材防水屋面金属盖缝

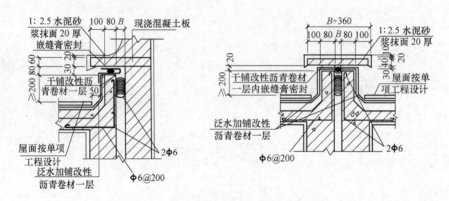

图 12-7　刚性防水屋面混凝土板盖缝

小　结

1. 为了避免温度变化、地基不均匀沉降和地震因素的影响而使建筑物发生变形破坏，可通过设置变形缝的方式将建筑物分为各自独立的区段。

2. 变形缝包括温度伸缩缝、沉降缝和防震缝三种。

3. 抗震设计一般原则：小震不坏，中震可修，大震不倒。

4. 变形缝的构造：墙体变形缝、楼地面变形缝、屋面变形缝。屋面变形缝是防水的薄弱部位，细部构造须有可靠的防水措施。

绘　图　题

1. 绘图说明砖墙变形缝的三种形式。

2. 图示内墙伸缩缝的一种构造做法。

3. 图示外墙伸缩缝的一种构造做法。

4. 图示外墙转角处的伸缩缝构造做法。

5. 画图说明变形缝处屋面如何处理。

## 实 训 题

参观学校内或学校附近的建筑，说明有哪几类变形缝？它们的作用是什么？

# 第13章

# 预制装配式建筑

## 13.1 概　　述

　　建筑工业化是指用现代工业的生产方式来建造房屋。具体内容包括建筑标准化、构件工厂化、施工机械化和管理科学化。其中标准化是工业化的前提，工厂化是工业化的手段，机械化是工业化的核心、科学化是工业化的保证。

　　目前普遍认为，实现建筑工业化的途径有两个方面，一方面是发展预制装配式建筑。另一方面是发展现场工业化的施工方法。

　　现场工业化施工方法，主要是在现场采用大模板、滑升模板、升板升层、盒子建筑等先进的施工方法，完成房屋主要结构的施工，而非承重构配件采用预制方法，见图13-1、图13-2。混凝土集中搅拌，避免了在现场堆积大量建筑材料。施工进度较砌体结构明显加快，适应性强，整体性和抗震性比预制装配式建筑好，适于荷载大、整体性要求高的房屋。

　　预制装配式建筑，就是在加工厂生产构配件，运输到施工现场后，用机械安装。这种方法的优点是生产效率高，构件质量好，施工受季节影响小，能均衡生产。但生产基地一次性投资大，建设量不稳定时，预制设备不能充分发挥效益。按主要承重构件不同，预制装配式建筑可分为砌块建筑、大板建筑和框架轻板建筑等结构形式。

图13-1　盒子建筑东京中银舱体大楼

图 13-2　滑模建筑深圳国际贸易中心

# 13.2　砌　块　建　筑

砌块建筑是指墙体由各种砌块砌成的建筑（图 13-3、图 13-4）。由于砌块尺寸比普通砖大得多，表观密度小，所以能提高生产效率以及墙的保温隔热能力；砌块能充分利用工业废料和地方材料，对降低房屋造价，减少环境污染也有一定好处。生产砌块比较容易，施工不需要复杂的机械设备，因此砌块建筑是一种易于推广的结构形式。

图 13-3　砌块建筑

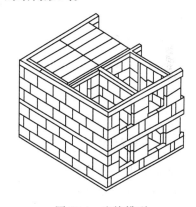

图 13-4　砌块排列

## 13.2.1　砌块的类型

砌块的类型很多，按材料分有普通混凝土砌块、轻集料混凝土砌块、加气混凝土砌块、工业废渣混凝土砌块及粉煤灰硅酸盐砌块等。

按块体分有小型砌块、中型砌块和大型砌块。一般块高 380～940mm 的为中型砌块，小于 380mm 的为小型砌块。按用途分有墙体砌块和楼面砌块。

目前国内常用的品种有：

**1. 粉煤灰硅酸盐中型砌块**

（1）粉煤灰硅酸盐砌块　粉煤灰硅酸盐砌块是以粉煤灰、石灰、石膏等为胶凝材料，煤渣或高炉矿渣、石子、人造轻集料等为集料和水按一定比例配合，经搅拌、振动成型、蒸汽养护而制成的实心砌块。

粉煤灰硅酸盐砌块的规格有：厚度 240mm、200mm、190mm、180mm；宽度 1180mm、880mm、580mm、430mm；高度 380mm。

粉煤灰硅酸盐砌块的强度等级主要有 MU10、MU15 两种；表观密度以煤渣为集料的是 1650kg/m$^3$，以砂石为集料的是 2100kg/m$^3$。

（2）粉煤灰硅酸盐空心中型砌块　原料同粉煤灰实心砌块，经搅拌、振动成型、抽芯、蒸汽养护而制成的空心砌块。

**2. 普通混凝土砌块**

（1）普通混凝土空心小型砌块　简称混凝土小型砌块，是以水泥为胶凝材料，砂、碎石或卵石为集料（最大粒径不大于砌块最小壁厚、肋厚的 1/2），和水按一定比例配合经搅拌、振动、加压或冲压成型、养护而制成的砌块（图 13-5）。

承重混凝土小型砌块的强度等级主要有 MU3.5、MU5、MU7.5、MU10 四种。

非承重混凝土小型砌块的强度等级只有 MU3.0 一种。

普通混凝土空心小型砌块的表观密度为 1150kg/m$^3$。

（2）普通混凝土空心中型砌块　简称混凝土空心中型砌块，是以普通混凝土为原料，以手工立模抽芯工艺成型而制成的一种混凝土薄壁结构的空心砌块（图 13-6）。

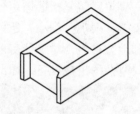

图 13-5　混凝土小型砌块

混凝土空心中型砌块材料强度等级有 C10、C15、C20、C25 四种，砌块的表观密度为 950～1080kg/m$^3$。

## 13.2.2　施工要点

**1. 砌块排列方法和要求**

普通砖尺寸小，使用灵活，并可通过砍砖获得各种尺寸。但砌块的尺寸比砖大得多，灵活性不如砖，同时也不能任意砍切，所以砌筑前必须周密计划。

砌筑砌块以前，应根据施工图的具体情况，结合砌块规格尺寸，绘制基础和墙体砌块排列图。砌块排列过程中，需对砌体的局部尺寸作适当调整，使之与砌块的模数相符。当不满足错缝要求时，可用辅助砌块或普通砖调节错缝。

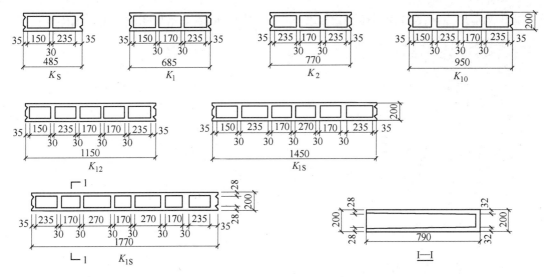

图 13-6 混凝土空心中型砌块构造

砌块排列时，应注意以下几点：

（1）砌块排列应按设计要求，从地基或基础顶面开始排列，或从室内±0.000开始排列。

（2）砌块排列时，尽可能采用主规格和大规格砌块，以减少吊次，增加墙体的整体性。主规格砌块应占总数量的75%～80%以上，副砌块和镶砌用砖应尽量减少，宜控制在5%～10%以内。

（3）砌块排列时，上下皮应错缝搭砌，搭砌长度一般为砌块长度的1/2，不得小于砌块高的1/3，且不应小于150mm。如无法满足搭砌长度要求时，应在水平灰缝内设置2Φ<sup>b</sup>4钢筋网片予以加强，网片两端离垂直缝的距离不得小于300mm（图13-7）。同时还要避免砌体的垂直缝与窗洞口边线在同一条垂直线上。

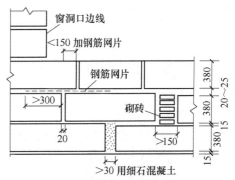

图 13-7 砌块排列

（4）外墙转角处及纵横墙交接处，应将砌块分皮咬槎，交错搭砌（图13-8）。当不能满足要求时，应在交接处的灰缝中设置柔性钢筋拉接网片（图13-9）。

（5）砌体的水平灰缝一般为15mm，有配筋或钢筋网片的水平灰缝为20～25mm。垂直灰缝为20mm，当大于30mm时，应用C20细石混凝土灌实，当垂直灰缝大于150mm时，应用整砖镶砌（图13-7）。

（6）构件布置位置与砌块发生矛盾时，应先满足构件布置。在砌块砌体上搁置梁或有其他集中荷载时，应尽量控制在砌块长度的中部，即竖向缝不出现在梁的宽度范围内。

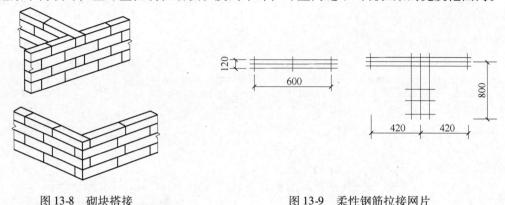

图 13-8　砌块搭接　　　　　　　　　　　　　图 13-9　柔性钢筋拉接网片

**2. 施工注意事项和构造措施**

（1）砌体施工前，先将基础顶面或楼地面按标高要求找平，按图纸放出第一皮砌块的轴线、边线和洞口线，然后按砌块排列图依次吊装砌筑。

（2）砌块砌筑时，应先远后近，先下后上，先外后内；每层应从转角处或定位砌块处开始，内外墙同时砌筑。应砌一皮，校正一皮，每一皮都拉线控制砌块标高和墙面平整度。

（3）砌体水平灰缝不小于 10mm，亦不应大于 20mm；如因施工或砌块材料等原因造成砌块标高误差，应在灰缝允许偏差范围内逐皮调整。

（4）跨度 >6m 的屋架和跨度 >4.2m 的梁支承面下，应设混凝土或钢筋混凝土垫块；当墙体设有现浇圈梁时，垫块与圈梁应浇筑成整体。

（5）应按相应规范要求设置圈梁，如采用预制圈梁，应注意施工时坐浆垫平，不得干铺，并保证有一定长度的现浇钢筋混凝土接头。基础和屋盖处圈梁宜现浇。

（6）预制钢筋混凝土板的搁置长度，在砌块砌体上不宜小于 100mm，在钢筋混凝土梁上不宜小于 80mm，当搁置长度不满足时，应采取锚固措施，一般情况下，可在与砌体或梁垂直的板缝内配置不小于 1$\oplus$16 的钢筋，钢筋两端伸入板缝内的长度为 1/4 板跨。

（7）木门窗预留洞口处，洞口两侧适当部位应砌筑预埋有木砖的砌块，或直接砌入木砖，以便固定门窗框。钢门窗框的固定可在门窗洞侧墙内凿出孔穴，将固定门窗用的铁脚塞入，并用 1:2 水泥砂浆埋设牢固。

（8）当板跨 >4m 并与外墙平行时，楼盖和屋盖预制板紧靠外墙的侧边宜与墙体或圈梁拉接锚固。

# 13.3　大 板 建 筑

大板建筑是装配式建筑中的一个重要类型。它由预制的外墙板、内墙板、楼板、楼梯和屋面板组成。与其他建筑不同的是，垂直力和水平力都由板材承受，不设柱子和梁等构件，因此也称无框架板材建筑（图 13-10）。

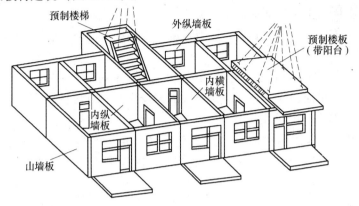

图 13-10　装配式大板建筑示意图

大板建筑能充分发挥预制工厂和吊装机械的作用，装配化程度高，能提高劳动生产率。板材的承载能力高，可减少墙体厚度，既减轻了房屋自重，又增加了房间的使用面积。与砖混结构相比，可减轻自重 15%～20%，增加使用面积 5%～8%，但钢材和水泥等材料用量较大。

大板建筑施工方法可分为全装配式和内浇外挂式两种。内浇外挂式大板建筑，外墙板和楼板都采用预制，内墙板用现浇钢筋混凝土。本节只介绍全装配式大板建筑。

### 13.3.1　大板建筑的主要构件

**1. 墙板**

墙板按所在位置可分为外墙板和内墙板；按受力情况可分为承重和非承重两种墙板；按构造形式又可分为单一材料板和复合材料板；按使用材料有振动砖墙板、粉煤灰矿渣墙板和钢筋混凝土墙板等。

（1）外墙板　外墙板是房屋的围护构件，不论承重与否都要满足防水、保温、隔热和隔声的要求。无论是承重墙还是非承重墙，都要承担风荷载、地震作用及其自重，因此都要满足一定的强度要求。

外墙板可根据具体情况采用单一材料，如矿渣混凝土、陶粒混凝土、加气混凝土等；也可采用复合材料，如在钢筋混凝土板间加入各种保温材料。

外墙板的划分水平方向有一开间一块，两开间一块和三开间一块等方案；竖向一层一块、两层一块或三层一块等。其中一开间一块和一层一块应用较多，这时外墙板的宽度为两横墙的中距减去垂直缝宽，高度为层高减去水平缝宽。

（2）内墙板　内墙板是主要承重构件，应有足够的强度和刚度。同时内墙板也是分隔内部空间的构件，应具有一定的隔声、防火和防潮能力。在横墙承重方案中，纵墙板虽然为非承重构件，但它与横墙板共同组成一个空间体系，使房屋具有一定的纵向刚度，因此纵墙板常采用与横墙板同一类型的墙板，使之具有相同的强度和刚度。

内墙板常采用单一材料的实心板，墙板材料可采用钢筋混凝土墙板、粉煤灰矿渣墙板和振动砖墙板等。

（3）隔墙板　隔墙板主要用于建筑物内部的房间分隔，不承重。主要是隔声、防火、防潮及轻质等要求。目前多采用加气混凝土条板、碳化石灰板和石膏板等。

**2. 楼板和屋面板**

大板建筑的楼板，主要采用横墙承重（或双向承重）布置。大部分设计成按房间大小的整间大楼板。类型有实心板、空心板、轻质材料填芯板等，屋面板常设计成带挑檐的整块大板。

### 13.3.2　大板建筑的连接构造

大板建筑主要是通过构件之间的牢固连接，形成整体。其主要做法如下：

横墙作为主要承重构件时，在纵横墙交接处，一般将横墙嵌入纵墙接缝内，以纵墙作为横墙的稳定支撑（图 13-11）。

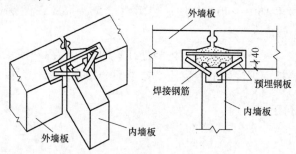

图 13-11　内外墙板上部连接

上下楼层的水平接缝设置在楼板板面标高处，由于内墙支承楼板，外墙自承重，所以外墙要比内墙高出一个楼板厚度。通常把外墙板顶部做成高低口，上口与楼板板面平，下口与楼板底平，并将楼板伸入外墙板下口（图 13-12）。这种做法可使外墙板顶部焊接均在相同标高处，操作方便，容易保证焊接质量。同时又可使整间大楼板四边均伸入墙内，提高了房屋的空间刚度，有利于抗震。

墙板构件之间，水平缝坐垫 M10 砂浆；垂直缝浇灌 C15～C20 混凝土，周边再加设一些锚拉钢筋和焊接件连成整体。墙板上角用钢筋焊接，把预埋件连接起来（图 13-11），这样，当墙板吊装就位，上角焊接后，可使房屋在每个楼层顶部形成一道内外墙交圈的封闭圈梁。墙板下部加设锚拉钢筋，通过垂直缝的现浇混凝土连成整体（图 13-13）。

内墙板十字接头部位，顶面预埋钢板用钢筋焊接起来，中间和下部设置锚环和竖向插筋与墙板伸出的钢筋绑扎或焊在一起，在阴角支模板，然后现浇 C20 混凝土连成整体（图 13-14、图 13-15）。

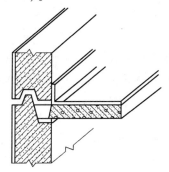

图 13-12 楼板与外墙板的连接

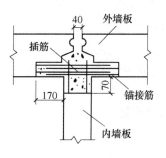

图 13-13 内外墙板下部锚接做法

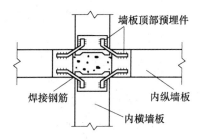

图 13-14 内纵横墙板顶部连接

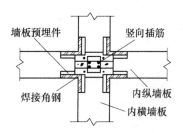

图 13-15 内纵横墙板下部连接

## 13.4 框架轻板建筑

框架轻板建筑是由柱、梁、板组成的框架承重结构，以各种轻质板材为围护结构的新型建筑形式。其特点是承重结构与围护结构分工明确，可以充分发挥不同性能材料的作用。从而使建筑材料的用量和运输量大大减少。并具有空间分隔灵活，湿作业少，不受季节限制，施工进度快等优点。整体性好是其另一特点。因此，特别适用于要求有较大空间的建筑、多层和高层建筑和大型公共建筑。

### 13.4.1 框架结构的类型

框架按所使用的材料可分为钢筋混凝土框架和钢框架两种。钢筋混凝土框架的梁、板、柱均用钢筋混凝土制作，具有坚固耐久、刚度大、防火性能好等优点，因此应用很广。

钢框架的特点是自重轻，适用于高层建筑（一般在 20 层以上）。

框架按施工方法可分为全现浇式、全装配式和装配整体式三种。装配整体式框架是将预制梁、柱就位后通过局部现浇混凝土将预制构件连成整体的框架。其优点是保证了节点的刚性连接，整体性好，减少了装配式框架的连接件和焊接工作量。全现浇框架现场湿作业工作量大。

框架按构件组成可分为以下三种：

**1. 梁板柱框架**

梁板柱框架是由梁、楼板和柱组成的框架。在这种结构中，梁与柱组成框架，楼板搁置在框架上，优点是柱网做的可以大些，适用范围较广，目前大量采用的主要是这类框架，见图 13-16a。

**2. 板柱框架**

板柱框架是由楼板、柱组成的框架。楼板可以是梁板合一的肋形楼板，也可以是实心大楼板，见图 13-16b。

**3. 剪力墙框架**

框架中增设剪力墙。剪力墙的作用是承担大部分水平荷载，增加结构水平方向的刚度。框架基本上只承受垂直荷载，简化了框架的节点构造。所以剪力墙结构在高层建筑中应用较普遍，见图 13-16c。

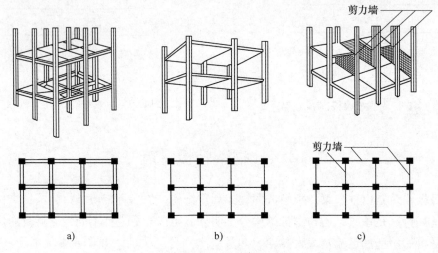

图 13-16　框架结构类型

a）梁板柱框架系统　b）板柱框架系统　c）剪力墙框架系统

### 13.4.2　装配式钢筋混凝土框架构件的划分

整个框架是由若干基本构件组合而成的，因此构件的划分将直接影响结构的受力、接头的多少和施工的难易等。构件的划分应本着有利于构件的生产、运输、安装，有利于增强结构的刚度和简化节点构造的原则来进行。通常有以下几种划分方式。

**1. 单梁单柱式**

即按建筑的开间、进深和层高划分单个构件。这种划分使构件的外形简单，重量轻，便于生产、运输和安装，是目前采用较多的形式，其缺点是接头多，且都在框架的节点部位，施工较复杂。如果吊装设备允许，也可以做成直通两层的柱子（图 13-17）。

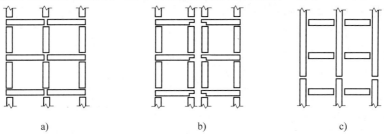

a)　　　　　　　　b)　　　　　　　　c)

图 13-17　单梁单柱式

a）直线式　b）悬臂式　c）长柱单梁式

### 2. 框架式

把整个框架划分成若干小的框架。小框架的形状有 H 形、十字形等。其优点是扩大了构件的预制范围，接头数量减少，能增强整个框架的刚度。但构件制作、运输、安装都较复杂，只有在条件允许的情况下才能采用（图 13-18）。

### 3. 混合式

同时采用单梁单柱和框架两种形式即为混合式。可以根据结构布置的具体情况采用（图 13-19）。

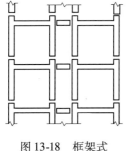

图 13-18　框架式

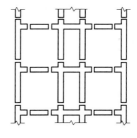

图 13-19　混合式

## 13.4.3　装配式构件的连接

### 1. 柱与柱的连接

（1）钢柱帽焊接（图 13-20）　在上、下柱的端部设置钢柱帽，安装时将柱帽焊接起来。钢柱帽用角钢做成，并焊接在柱内的钢筋上。冒头中央设一钢垫板，以使压力传递均匀。安装时用钢夹具将上下柱固定，使轴线对准，焊接完毕后再拆去钢夹具，并在节点四周包钢丝网抹水泥砂浆保护。此法的优点是焊接后就可以承重，立即进行下一步安装工序，但钢材用量较多。

（2）榫式接头（图 13-21）　在柱的下端做一榫头，安装时榫头落在下柱上端，对中后把上下柱伸出的钢筋焊接起来，并绑扎箍筋，支模，在四周浇筑混凝土。这种连接方法焊接量少，节省钢材，节点刚度大，但对焊接要求较高，湿作业多，要有一定的养护时间。

上下柱的连接位置，一般设在楼面以上 400～600mm 处，这样柱的节点不会在安装楼板后被遮盖，便于与上层柱子安装时临时固定，方便施工。

（3）浆锚接头（图 13-22） 在下柱顶端预留孔洞，安装时将上柱下端伸出的钢筋插入预留孔洞中，经定位、校正、临时固定后，在预留孔内浇筑快硬膨胀砂浆。锚固钢筋采用螺纹钢筋，锚固长度 $\geq 15d$（$d$ 为钢筋直径）。此法不需要焊接，省钢材，节点刚度大，但湿作业多，要有一定的养护时间，同时要求制作精确度高。

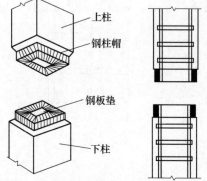

图 13-20　钢柱帽焊接

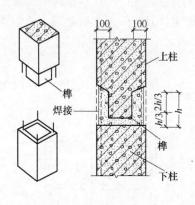

图 13-21　榫式接头

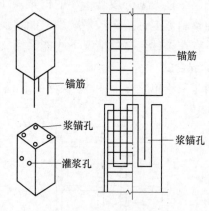

图 13-22　浆锚接头

### 2. 梁与柱的连接

梁与柱的连接位置有两种情况，一种是梁在柱旁连接，另一种是梁在柱顶连接。

（1）梁在柱旁连接 可利用柱上伸出的钢牛腿或钢筋混凝土牛腿支承梁（图 13-23）。钢牛腿体积小，可以在柱预制完以后焊在柱上，故柱的作法比较简单。也可采用两种牛腿结合使用的方法，即柱的两面伸出钢筋混凝土牛腿，另两面用钢牛腿。

（2）梁在柱顶连接 常用叠合梁现浇连接。此法是将上、下柱和纵横梁的钢筋都伸入节点，用混凝土灌成整体（图 13-24）。在下柱顶端四边预留角钢，主梁和连系梁均搭在下柱边缘，临时焊接，梁端主筋伸出并弯起。在主梁端部预埋由角钢焊成的钢架，以支撑上层柱，俗称钢板凳。叠合梁的负筋全部穿好以后，再配以箍筋，浇筑混凝土形成整体式接头。

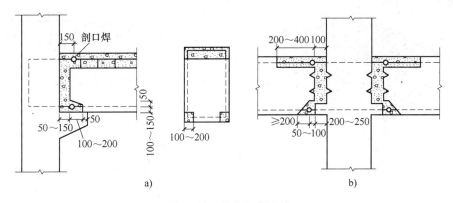

图 13-23　梁在柱旁连接

a）明牛腿　b）暗牛腿

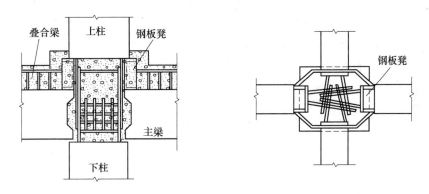

图 13-24　梁在柱顶连接

### 3. 梁与梁的连接

梁与梁的连接有两种情况，一种是主梁与主梁的连接，一种是主梁与次梁的连接。

（1）主梁与主梁的连接　一般应在主梁变形曲线的反弯点处连接，此处弯矩为零，剪力也较小。连接方法是把梁内的预留钢筋和预埋件互相焊接，然后二次浇灌混凝土。

（2）主梁与次梁的连接　主梁与次梁一般互相垂直，连接的简单方法是在主梁上坐浆，放置次梁。为减少结构高度，可将主梁断面做成花篮形、十字形、T 形和倒 T 形，在主梁的两侧凸缘上坐浆，搭置次梁。

### 4. 框架与轻质墙板的连接

框架与轻质墙板的连接，主要是轻质墙板与柱或梁的接头。轻质墙板有整间大板和条板。条板可以竖放也可以横放（图 13-25）。

整间大板可以和梁连接，也可以和柱连接。竖放条板只能和梁连接，横放条板只能和柱连接。连接方式可以是预埋件焊接，也可以用螺栓连接（图 13-26）。

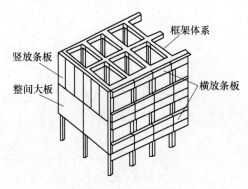

图 13-25　轻质墙板布置方式

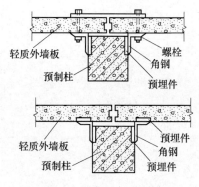

图 13-26　外墙板和预制柱连接

## 小　结

1. 建筑工业化包括建筑设计标准化、构件生产工厂化、施工机械化、组织管理科学化。

2. 砌块建筑、大板建筑、框架轻板建筑、大模板建筑、滑模建筑、升板建筑、盒子建筑等都是建筑工业化发展所提倡的结构形式。

## 绘 图 题

1. 绘制砌块排列图（参见教材图 13-7），掌握砌块的排列方法和错缝搭接的原理。

2. 绘图表示框架轻板建筑柱与柱的连接有几种方法？并说明各有何优缺点？

## 实 训 题

砌块建筑、大板建筑、框架轻板建筑、大模板建筑、滑模建筑、升板建筑、盒子建筑等都是建筑工业化发展所提倡的结构形式。试收集这些先进施工方法的相关资料和图片，并制作图文并茂的 PPT 进行演示。

# 参 考 文 献

[1]　中华人民共和国住房和城乡建设部. GB/T 50103—2010 总图制图标准[S]. 北京：中国建筑工业出版社，2011.

[2]　中华人民共和国住房和城乡建设部. GB 50096—2011 住宅设计规范[S]. 北京：中国计划出版社，2012.

[3]　中华人民共和国住房和城乡建设部. GB 50345—2012 屋面工程技术规范[S]. 北京：中国建筑工业出版社，2012.

[4]　中华人民共和国建设部. GB 50352—2005 民用建筑设计通则[S]. 北京：中国建筑工业出版社，2005.

[5]　中华人民共和国住房和城乡建设部. GB 50016—2014 建筑设计防火规范[S]. 北京：中国计划出版社，2014.

[6]　中华人民共和国住房和城乡建设部. GB 50763—2012 无障碍设计规范[S]. 北京：中国建筑工业出版社，2012.

[7]　中华人民共和国住房和城乡建设部. GB/T 50106—2010 建筑给水排水制图标准[S]. 北京：中国建筑工业出版社，2010.

[8]　姜丽荣，崔艳秋，柳锋. 建筑概论[M]. 北京：中国建筑工业出版社，2001.

[9]　杨永祥，赵素芳. 建筑概论[M]. 北京：中国建筑工业出版社，1994.

[10]　舒秋华. 房屋建筑学[M]. 武汉：武汉工业大学出版社，1998.

[11]　李必瑜. 建筑构造[M]. 北京：中国建筑工业出版社，2000.

[12]　齐明超，梅素琴. 土木工程制图[M]. 北京：机械工业出版社，2003.

[13]　杨金铎，房志勇. 房屋建筑构造[M]. 北京：中国建材工业出版社，2000.

[14]　刘谊才. 新编建筑识图与构造[M]. 安徽：安徽科学技术出版社，2001.

[15]　孙玉红. 房屋建筑构造[M]. 北京：机械工业出版社，2003.

[16]　赵研. 房屋建筑学[M]. 北京：高等教育出版社，2002.

[17]　钟芳林，侯元恒. 建筑构造[M]. 北京：科学出版社，2004.